T0197155

essentials

essentials liefern aktuelles Wissen in konzentrierter Form. Die Essenz dessen, worauf es als „State-of-the-Art" in der gegenwärtigen Fachdiskussion oder in der Praxis ankommt. *essentials* informieren schnell, unkompliziert und verständlich

- als Einführung in ein aktuelles Thema aus Ihrem Fachgebiet
- als Einstieg in ein für Sie noch unbekanntes Themenfeld
- als Einblick, um zum Thema mitreden zu können

Die Bücher in elektronischer und gedruckter Form bringen das Fachwissen von Springerautor*innen kompakt zur Darstellung. Sie sind besonders für die Nutzung als eBook auf Tablet-PCs, eBook-Readern und Smartphones geeignet. *essentials* sind Wissensbausteine aus den Wirtschafts-, Sozial- und Geisteswissenschaften, aus Technik und Naturwissenschaften sowie aus Medizin, Psychologie und Gesundheitsberufen. Von renommierten Autor*innen aller Springer-Verlagsmarken.

Weitere Bände in der Reihe https://link.springer.com/bookseries/13088

Siegmund Brandt · Hans Dieter Dahmen ·
Claus Grupen · Tilo Stroh

Elektrodynamik

Von den Maxwell-Gleichungen über
die Elektro- und Magnetostatik zur
elektromagnetischen Induktion

Springer Spektrum

Siegmund Brandt (1936–2016)
Department Physik
Universität Siegen
Siegen, Deutschland

Claus Grupen
Department Physik
Universität Siegen
Siegen, Deutschland

Hans Dieter Dahmen
Department Physik
Universität Siegen
Siegen, Deutschland

Tilo Stroh
Department Physik
Universität Siegen
Siegen, Deutschland

ISSN 2197-6708   ISSN 2197-6716 (electronic)
essentials
ISBN 978-3-662-64312-9   ISBN 978-3-662-64313-6 (eBook)
https://doi.org/10.1007/978-3-662-64313-6

Die Deutsche Nationalbibliothek verzeichnet diese Publikation in der Deutschen Nationalbiblio-
grafie; detaillierte bibliografische Daten sind im Internet über http://dnb.d-nb.de abrufbar.

Planung/Lektorat: Lisa Edelhäuser
Springer Spektrum ist ein Imprint der eingetragenen Gesellschaft Springer-Verlag GmbH, DE und
ist ein Teil von Springer Nature.
Die Anschrift der Gesellschaft ist: Heidelberger Platz 3, 14197 Berlin, Germany

Was Sie in diesem *essential* finden können

Die Elektrodynamik ist eines der grundlegenden Teilgebiete der Physik. In diesem Essential konzentrieren wir uns auf die Vermittlung der wichtigsten Grundbegriffe, von der Elektrostatik, den Phänomenen des elektrischen Stromes bis hin zu den Maxwell-Gleichungen und der aus ihnen abgeleiteten Erkenntnisse. Sie lernen die Begriffe Ladung, Dipol, elektrisches Feld, magnetisches Feld, Lorentz-Kraft und die Wechselbeziehungen zwischen elektrischen und magnetischen Feldern wie die Induktion kennen. Die grundlegenden Eigenschaften der Elektrodynamik werden exemplarisch an elementaren Zusammenhängen wie dem Coulombschen Gesetz, dem elektrostatischen Potential von Punktladungen und dem Dipol erläutert. Analog werden die entsprechenden Zusammenhänge im Falle der Magnetfelder behandelt. Insbesondere wird Wert auf die Beschreibung der elektrischen Eigenschaften der Materie gelegt. Ergänzt werden diese Themen durch kurze Beschreibungen der elektromagnetischen Potentiale und ihrer Eichungen sowie des Energieerhaltungssatzes für Teilchen und Felder. Der Beitrag von Maxwell, die elektrischen und magnetischen Phänomene einheitlich durch die Maxwell-Gleichungen zu beschreiben, wird bereits nach einer kurzen historischen Einleitung den Einzelthemen vorangestellt. Das Ende dieses Essentials bildet ein kurzer mathematischer Anhang zur Differentiation von Skalar- und Vektorfeldern und die verwendeten Sätze bei der Integration von Vektorfeldern.

Vorwort

Die Elektrodynamik ist neben der Mechanik das älteste Teilgebiet der Physik als exakter Wissenschaft. Viele ihrer Begriffe sind auch in anderen Teilgebieten und insbesondere in vielen technischen Anwendungen von Bedeutung. Deshalb nimmt die Elektrodynamik gewöhnlich in den ersten Semestern des Studiums der Physik einen breiten Platz ein. Dieses Essential orientiert sich an den Lehrbüchern Brandt, Dahmen (siehe Literaturverzeichnis), die im Text als [E] und [M] zitiert werden. Es stellt nicht unerhebliche mathematische Anforderungen an die Leserinnen und Leser, nämlich solide (Schul-)Kenntnisse der Differential- und Integralrechnung einer Variablen und Kenntnisse der Vektorrechnung und Vektoranalysis. Um den Einstieg in den eigentlichen Text etwas zu erleichtern, werden einige unbedingt benötigte mathematischen Operationen und Zusammenhänge im Anhang dieses Essentials dargestellt. Eine ausführliche Darstellung der mathematischen Hilfsmittel finden Sie im Buch [E] von Brandt, Dahmen, Anhang B, C, F und G. Schwerpunkte dieses Essentials sind die Vermittlung der wichtigsten Begriffe und Methoden der Elektrodynamik. Wegen der Konzentration auf das Wesentliche werden Zwischenrechnungen weitgehend weggelassen. Sie können im ausführlichen Buch [E] von Brandt, Dahmen nachvollzogen werden. In diesem Essential werden wie oft nichtrelativistische Formeln verwendet, obwohl die forminvariante Beschreibung der Maxwell-Gleichungen notwendigerweise zur Relativistik führt. Die Wellenlösungen der Maxwell-Gleichungen, die Abstrahlung von schwingenden Dipolen und von beschleunigten Ladungen sowie das Gebiet der Relativistischen Elektrodynamik werden in einem zukünftigen, separaten Essential dargestellt.

Wir danken insbesondere Herrn Prof. F. W. Bopp für das kritische Lesen des Manuskripts und wertvolle Hinweise dazu.

Siegmund Brandt

Hans Dieter Dahmen

Claus Grupen

Tilo Stroh

Inhaltsverzeichnis

Die Maxwell-Gleichungen

1

Ein Buch über Elektrodynamik geht gewöhnlich von intuitiv bekannten Größen wie Strom, Spannung, Ladung und elektrischem Widerstand aus und führt dann über die Begriffe der elektrischen und magnetischen Felder und Potentiale zu einer Verknüpfung dieser Größen. Sir Michael Faraday (Abb. 1.1) hat diese Zusammenhänge experimentell und mit großem Geschick untersucht. Faraday stellte etwa fest, dass ein Ladungstransport, also ein Strom, mit einem Magnetfeld verknüpft ist und ein veränderliches Magnetfeld eine Spannung in einer Spule hervorruft, vgl. Abb. 1.2. Diese Erkenntnis ist grundlegend für viele technische Anwendungen wie Transformatoren und elektrische Maschinen. Diese Zusammenhänge schienen zur Zeit Faradays eher akademisch, und er antwortete auf die Frage eines skeptischen Politikers, was denn diese seltsamen Versuche bringen sollten: *„Sir, es ist sehr wahrscheinlich, dass Sie bald Steuern darauf erheben können!"* Dass stationäre Ströme mit Magnetfeldern verknüpft sind, hatte schon Oersted (Abb. 1.3) festgestellt, vgl. Abb. 1.4.

Ein solcher didaktischer Aufbau eines Buches – ausgehend von einfachen Begriffen zu übergeordneten Zusammenhängen – entspricht sozusagen einem Bottom-up-Szenario. James Clerk Maxwell (Abb. 1.5) ist es gelungen, die nur scheinbar unterschiedlichen Phänomene von elektrischen und magnetischen Erscheinungen zu vereinigen und mathematisch elegant in seinen Gleichungen zusammenzufassen, womit ihm eine Synthese vorher getrennt wahrgenommener Vorgänge geglückt ist.

In einem Essential zur Elektrodynamik kann man nun ausgehend von den Maxwell-Gleichungen die Hauptergebnisse der elektrischen und magnetischen Erscheinungen angemessen herleiten. Dazu sind allerdings einige einfache mathematische Grundlagen zur Vektorrechnung und Vektoranalysis sowie Kenntnisse der Differential- und Integralrechnung erforderlich. Ebenso muss man eine Vorstellung der Begriffe vom elektrischen Feld $\mathbf{E}$, vom magnetischen Feld $\mathbf{H}$, der dielektrischen

Abb. 1.1 Sir Michael
Faraday, 1791–1867

Abb. 1.2 Historisches Experiment zur Demonstration des Induktionsgesetzes. Eine Batterie (*rechts*) liefert einen Strom für die kleine Spule A. Wenn die Spule A bezüglich der großen Spule B bewegt wird, induziert der magnetische Fluss der Spule A einen Strom in B, der vom Galvanometer G angezeigt wird. Aus: Arthur William Poyser (1892), Magnetism and Electricity

Abb. 1.3 Hans Christian
Oersted, 1777–1851

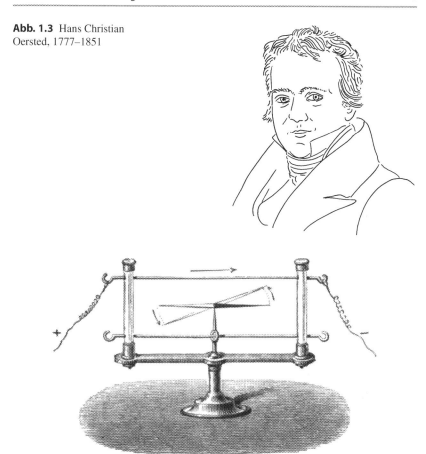

Abb. 1.4 Das Oersted-Experiment demonstriert, dass ein elektrischer Strom ein Magnetfeld erzeugt. Wenn der Strom im Draht erregt wird, orientiert sich die Kompassnadel senkrecht zum Draht und zeigt damit die Magnetfeldrichtung an

Verschiebung **D** und der magnetischen Induktion **B** haben. Dabei sind im einfachsten Falle **E** und **D** beziehungsweise **H** und **B** über die Relationen

$$\mathbf{D} = \varepsilon_{\mathrm{r}} \cdot \varepsilon_0 \cdot \mathbf{E}, \qquad \mathbf{B} = \mu_{\mathrm{r}} \cdot \mu_0 \cdot \mathbf{H} \tag{1.1}$$

Abb. 1.5 James Clerk
Maxwell, 1831–1879

Abb. 1.5 James Clerk
Maxwell, 1831–1879

über die Dielektrizitätskonstante ε_r bzw. die magnetische Permeabilität μ_r, also
Materialeigenschaften, verknüpft.

Mit den Größen **E** und **B**, der Stromdichte **j** und der Ladungsdichte ϱ lassen sich
die Maxwell-Gleichungen unter Verwendung des Nabla-Operators für elektrische
und magnetische Felder in Abwesenheit von Materie folgendermaßen darstellen:

$$\nabla \times \mathbf{E} = -\frac{\partial \mathbf{B}}{\partial t}, \tag{1.2a}$$

$$\nabla \cdot \mathbf{E} = \frac{1}{\varepsilon_0}\varrho, \tag{1.2b}$$

$$\nabla \times \mathbf{B} = \mu_0\mathbf{j} + \varepsilon_0\mu_0\frac{\partial \mathbf{E}}{\partial t}, \tag{1.2c}$$

$$\nabla \cdot \mathbf{B} = 0. \tag{1.2d}$$

Diese Gleichungen bestimmen die Divergenz und die Rotation der beiden Vektor-
felder **E** und **B**.

Im Folgenden soll auf diese Zusammenhänge in größerem Detail eingegangen
werden. Zunächst wird die Kontinuitätsgleichung besprochen, welche die Erhaltung
der Ladung beschreibt, bevor dann auf die Maxwell-Gleichungen eingegangen wird.

1.1 Kontinuitätsgleichung

Die Kontinuitätsgleichung beschreibt die Ladungserhaltung. Diese Ladungserhaltung ist für jedes System von Ladungen und Strömen ohne Ausnahme gewährleistet. Der Strom ist die Ladung, die in der Zeit dt die Oberfläche (V) eines Volumens nach außen durchtritt, also das Volumen verlässt: Wegen

$$I = \oint_{(V)} \mathbf{j} \cdot d\mathbf{a}' \tag{1.3}$$

erhält man

$$I \, dt = \left(\oint_{(V)} \mathbf{j} \cdot d\mathbf{a}' \right) dt = dQ.$$

(Das Oberflächenintegral wird dabei mit dem Skalarprodukt aus der vektoriellen Größe und dem vektoriellen Flächenelement $d\mathbf{a}$, das in Richtung des Normalenvektors $\hat{\mathbf{n}}$ zeigt, gebildet.) Die Ladung im Volumen V ist gegeben durch

$$Q_V = \int_V \varrho \, dV',$$

und damit gilt, weil sich die Ladung um $-dQ$ ändert,

$$dQ_V = -dQ.$$

Das ist nichts weiter als die Aussage, dass die Ladung insgesamt erhalten bleibt. Die Änderung der Ladungsdichte $\varrho(t)$ im Volumen dQ_V, die auch vom Ort $\mathbf{r}$ abhängt, ist dann

$$dQ_V = \left(\int_V \frac{\partial \varrho(t, \mathbf{r}')}{\partial t} \, dV' \right) dt$$

mit der Konsequenz

$$-\int_V \frac{\partial \varrho}{\partial t} \, dV' = -\frac{dQ_V}{dt} = I = \oint_{(V)} \mathbf{j} \cdot d\mathbf{a}'. \tag{1.4}$$

Unter Zuhilfenahme des Gaußschen Satzes, vgl. Abschn. 7.2, erhält man

$$\oint_{(V)} \mathbf{j} \cdot d\mathbf{a}' = \int_V \boldsymbol{\nabla}' \cdot \mathbf{j} \, dV'$$

und damit

$$-\int_V \frac{\partial \varrho}{\partial t}\, \mathrm{d}V' = \int_V \boldsymbol{\nabla}' \cdot \mathbf{j}\, \mathrm{d}V'.$$

Die letzte Gleichungen zeigt – sie gilt für beliebige Volumina –, dass

$$-\frac{\partial \varrho}{\partial t} = \boldsymbol{\nabla} \cdot \mathbf{j}. \tag{1.5}$$

Dies ist die *Kontinuitätsgleichung,* die besagt, dass die Quellstärke der Stromdichte gleich der zeitlichen Abnahme der Ladungsdichte ist. Falls die Ladungsdichte bei Transportprozessen konstant bleibt, heißt das

$$\boldsymbol{\nabla} \cdot \mathbf{j} = 0. \tag{1.6}$$

In solchen Fällen spricht man von stationären Stromdichten bzw. Strömen.

Die *Kontinuitätsgleichung* sagt im Wesentlichen aus, dass die Gesamtladung in einem Prozess erhalten bleibt und Ladung insgesamt weder erzeugt noch vernichtet werden kann.

1.2   Differentielle Form der Maxwell-Gleichungen in Abwesenheit von Materie

Wir betrachten zunächst ein System, in dem ein zeitabhängiger, stationärer Strom fließt, also ein Wechselstrom in einem (ideal leitenden) metallischen Leitersystem, z. B. im geschlossenen Sekundärkreis eines Transformators. Ein solcher Stromkreis darf aber keine Kapazitäten enthalten.

Da die metallischen Leiter dann überall lokal neutral sind, gilt für die Ladungsdichte also stets

$$\varrho = 0, \qquad \text{d. h. insbesondere} \quad \frac{\partial \varrho}{\partial t} = 0,$$

und damit folgt für die Stromdichte

$$\boldsymbol{\nabla} \cdot \mathbf{j} = 0.$$

Eine Änderung der Situation tritt jedoch ein, wenn der Stromkreis auch einen Kondensator enthält. Als einfaches Beispiel wird ein Stromkreis mit einer Gleichspannungsquelle, einem ohmschen Widerstand und einem Kondensator betrachtet. Wird der Stromkreis geschlossen, so fließt in dessen metallischem Teil dem Ohmschen Gesetz entsprechend ein Strom

$$I(t) = I_0 \exp\left(-\frac{t}{RC}\right), \qquad I_0 = \frac{U}{R}. \tag{1.7}$$

Der Raum zwischen den Platten ist stromfrei. Stattdessen findet eine Ladungsansammlung auf ihren Oberflächen statt, wobei für deren Zeitableitung

$$\frac{dQ}{dt} = I$$

gilt. Dabei kommt es zwischen den Platten zum Aufbau eines zeitabhängigen elektrischen Feldes, welches durch die Ladungsdichte auf den Platten gegeben ist durch, vgl. (1.2b),

$$\nabla \cdot \mathbf{E} = \frac{1}{\varepsilon_0}\varrho. \tag{1.8}$$

Integriert man über ein zylinderförmiges Volumen V, das eine der beiden Kondensatorplatten enthält, so gelangt man mit dem Gaußschen Satz für den elektrischen Fluss durch die Oberfläche des Zylindervolumens zu

$$\Psi = \oint_{(V)} \mathbf{D} \cdot d\mathbf{a} = \varepsilon_0 \oint_{(V)} \mathbf{E} \cdot d\mathbf{a} = \int_V \varrho \, dV = Q,$$

wobei Q die Ladung auf dieser Kondensatorplatte ist. Bei einem Plattenkondensator mit großen Platten und kleinem Abstand besteht das elektrische Feld praktisch nur zwischen den Platten. Daher erhält man bei Integration über eine halbdosenartige Teiloberfläche a_1 des Zylinders (Abb. 1.6)

$$\Psi = \varepsilon_0 \int_{a_1} \mathbf{E} \cdot d\mathbf{a} = Q,$$

weil der weggelassene Zylinderdeckel a_2 außerhalb des Kondensators (wie prinzipiell auch die Mantelfläche von a_1) praktisch nicht beiträgt. Die zeitliche Differentiation bestimmt den Strom als Änderung des elektrischen Flusses,

$$I = \frac{d\Psi}{dt}.$$

Nun betrachtet man das vom Strom I hervorgerufene Flussdichtefeld $\mathbf{B}$. Für die Stromdichte $\mathbf{j}$ ist $\mathbf{B}$ bei stationären Vorgängen bestimmt durch

$$\nabla \times \mathbf{B} = \mu_0 \mathbf{j}. \tag{1.9}$$

Abb. 1.6 Durch einen
Kondensator
unterbrochener,
stromführender Leiter. Die
beiden skizzierten
Teiloberflächen a_1 und a_2
eines Zylinders V besitzen
den gleichen Rand (a), aber
nur a_2 schneidet den Leiter

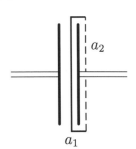

Mittels Integration über eine Fläche a_2, die den Leiterquerschnitt enthält, ergibt sich
mittels des Stokesschen Satzes (vgl. Abschn. 7.2) ein Wegintegral, das in positiver
Richtung über den Rand (a_2) läuft, d. h.

$$\oint_{(a_2)} \mathbf{B} \cdot d\mathbf{s} = \mu_0 \int_{a_2} \mathbf{j} \cdot d\mathbf{a} = \mu_0 I. \tag{1.10}$$

Anstelle dieser Fläche a_2 kann auch eine andere Fläche mit dem gleichen Rand
gewählt werden, insbesondere eine gerade zwischen den Kondensatorplatten ver-
laufende, also auch die halbdosenartige Fläche a_1 der Abb. 1.6. Das entsprechende
Integral über die Stromdichte bei dieser Wahl der Fläche liefert jedoch

$$\int_{a_1} \mathbf{j} \cdot d\mathbf{a} = 0,$$

so dass sich ein Widerspruch zu (1.10) für den Fall ergibt, dass der Stromkreis eine
Kapazität enthält. Dies führt zu der offensichtlichen Ergänzung der rechten Seite
des Umlaufintegrals über $\mathbf{B}$ mit dem Term $d\Psi/dt$, so dass sich

$$\oint_{(a)} \mathbf{B} \cdot d\mathbf{s} = \mu_0 \left(I + \frac{d\Psi}{dt} \right) \tag{1.11}$$

ergibt. Der Zusatzterm für den Bereich des Kondensators übernimmt dabei die Rolle
des Leitungsstromes. Die Größe $d\Psi/dt$ nennt man *Verschiebungsstrom* und wegen

$$\frac{d\Psi}{dt} = \varepsilon_0 \oint_a \frac{\partial \mathbf{E}}{\partial t} \cdot d\mathbf{a} = \varepsilon_0 \int_{a_1} \frac{\partial \mathbf{E}}{\partial t} \cdot d\mathbf{a}$$

folglich $\varepsilon_0 \partial \mathbf{E}/\partial t$ *Verschiebungsstromdichte*. Multipliziert man diese mit μ_0, erhält man $\mu_0 \varepsilon_0 \partial \mathbf{E}/\partial t$. Das Produkt $\varepsilon_0 \mu_0$ ist das Inverse des Quadrates der Lichtgeschwindigkeit im Vakuum,

$$\varepsilon_0 \mu_0 = \frac{1}{c^2}. \tag{1.12}$$

Damit ist der in (1.11) erforderliche Zusatzterm zur Beschreibung auch nichtstationärer Vorgänge von der Form $c^{-2} \partial \mathbf{E}/\partial t$, womit man die Gleichung

$$\nabla \times \mathbf{B} = \mu_0 \mathbf{j} + \frac{1}{c^2} \frac{\partial \mathbf{E}}{\partial t}$$

findet, wie schon in der Einleitung zu diesem Kapitel mit (1.2c) angegeben.

1.3 Maxwell-Gleichungen in Anwesenheit von Materie

Mit Hilfe von der Polarisierung $\mathbf{P}$,

$$\mathbf{P} = \varepsilon_0 \chi_e \mathbf{E}, \qquad \chi_e = \varepsilon_r - 1, \tag{1.13}$$

mit der elektrischen Suszeptibilität χ_e, und der Magnetisierung $\mathbf{M}$,

$$\mathbf{M} = \chi_m \mathbf{H}, \qquad \chi_m = \mu_r - 1, \tag{1.14}$$

wobei χ_m die magnetische Suszeptibilität ist, kann man den Zusammenhang zwischen $\mathbf{D}$ und $\mathbf{H}$ einerseits und $\mathbf{P}$ und $\mathbf{M}$ andererseits darstellen als

$$\mathbf{D} = \varepsilon_0 \mathbf{E} + \mathbf{P} \quad \text{und} \quad \mathbf{H} = \frac{1}{\mu_0} \mathbf{B} - \mathbf{M},$$

und man erhält für die inhomogenen Maxwell-Gleichungen in Materie

$$\nabla \cdot \mathbf{D} = \varrho, \qquad \nabla \times \mathbf{H} = \mathbf{j} + \frac{\partial \mathbf{D}}{\partial t}, \tag{1.15}$$

die homogenen bleiben unverändert,

$$\nabla \times \mathbf{E} = -\frac{\partial \mathbf{B}}{\partial t}, \qquad \nabla \cdot \mathbf{B} = 0. \tag{1.16}$$

Die Maxwell-Gleichungen in Materie reichen offenbar nicht aus, um die vier Feldgrößen **E**, **D**, **B** und **H** zu bestimmen, weil durch sie die Divergenzen und Rotationen aller vier Felder nicht festgelegt sind. Als einfachste Annahme über die Abhängigkeit der Polarisation und Magnetisierung von den Feldern nehmen wir lineare Relationen zwischen der Polarisation und der elektrischen Feldstärke bzw. der Magnetisierung und der magnetischen Feldstärke an, so dass auch **D** und **E** bzw. **H** und **B** linear miteinander zusammenhängen,

$$\mathbf{D}(t, \mathbf{r}) = \varepsilon_r(\mathbf{r})\varepsilon_0\mathbf{E}(t, \mathbf{r}), \qquad \mathbf{B}(t, \mathbf{r}) = \mu_r(\mathbf{r})\mu_0\mathbf{H}(t, \mathbf{r}). \tag{1.17}$$

Nähere Ausführungen hierzu entnehmen Sie dem ausführlichen Buch [E]. Unter den Annahmen der Linearität von **D** und **E** bzw. **H** und **B** sind die Maxwell-Gleichungen zur Bestimmung von **E** und **B** vollständig, und ihre Lösungen sind bei gegebenen Rand- bzw. Anfangsbedingungen eindeutig bestimmt.

Die Annahme der Linearität über die Abhängigkeit der Polarisation und Magnetisierung von den Feldern gilt allerdings nur für kleine Werte von **E** bzw. **H**. In der Praxis führen hohe Werte von **H** bzw. **E** zur Sättigung der Magnetisierung bzw. der Polarisation. Diese nicht-linearen Effekte führen zu der bekannten Hysteresekurve.

Exemplarisch stellt Abb. 1.7 den Verlauf der magnetischen Induktion B von der magnetischen Feldstärke H in der Praxis dar. Die gestrichelte Kurve, die Neukurve, gilt nur für ein Material, das vorher noch nie magnetisiert wurde. Wenn man die magnetische Feldstärke auf Null reduziert, verbleibt bei $H = 0$ noch eine Restmagnetisierung (Remanenz). Um die Magnetisierung auf Null zu reduzieren, benötigt man eine gewisse negative Magnetfeldstärke (Koerzitivkraft). Die Abhängigkeit

Abb. 1.7 Verlauf der magnetischen Induktion B als Funktion der magnetischen Feldstärke H für ein typisches ferromagnetisches Material

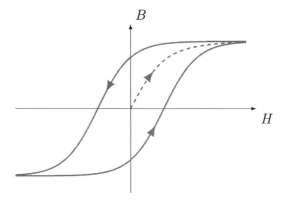

der dielektrischen Verschiebung D als Funktion der elektrischen Feldstärke E sieht ganz analog aus.

1.4   Integralform der Maxwell-Gleichungen

Neben der Formulierung der Maxwellschen Gleichungen als Differentialgleichungen für die lokalen Feldgrößen $\mathbf{E}$, $\mathbf{D}$, $\mathbf{B}$ und $\mathbf{H}$ mit den Ladungs- und Stromdichten ϱ und $\mathbf{j}$ können diese auch in integraler Form angegeben werden, die in vielen Fällen direkte Anwendung findet. Diese Beziehungen sollen hier zusammengestellt werden. Dazu betrachtet man einen Satz von globalen Größen, wobei an die Stelle der Felder die Spannungen und Flüsse und an die Stelle der Dichten die Ladungen und Ströme treten, welche mit Linien-, Oberflächen- und Volumenintegralen aus den lokalen Größen hervorgehen.

Zur Gewinnung der Integralform der Maxwell-Gleichungen und der Kontinuitätsgleichung werden der Gaußsche und Stokessche Integralsatz verwendet, vgl. Abschn. 7.2. Dabei werden diejenigen differentiellen Gleichungen, die Divergenzen von Feldern enthalten, über ein Volumen V integriert, wobei die enthaltenen Divergenzen mittels des Gaußschen Satzes in ein Oberflächenintegral über den Rand, d. h. die geschlossene Oberfläche (V) des Volumens umgeformt werden, und diejenigen Gleichungen, die Rotationen von Feldern enthalten, über ein einfach zusammenhängendes, berandetes Flächenstück a integriert, wobei die Rotationen mittels des Stokesschen Satzes in ein Linienintegral über die Randkurve (a) der Fläche umgeformt werden.

1. *Faradaysches Induktionsgesetz*:

$$U^{(a)} = \oint_{(a)} \mathbf{E} \cdot \mathrm{d}\mathbf{s} = -\frac{\mathrm{d}}{\mathrm{d}t} \int_a \mathbf{B} \cdot \mathrm{d}\mathbf{a} = -\frac{\mathrm{d}}{\mathrm{d}t} \Phi^a.$$

Die elektrische Umlaufspannung $U^{(a)}$ über den Rand (a) der Fläche a ist gleich der negativen zeitlichen Ableitung des magnetischen Flusses Φ^a durch dieses Flächenstück.

2. *Gaußsches Flussgesetz*:

$$\Psi^{(V)} = \oint_{(V)} \mathbf{D} \cdot \mathrm{d}\mathbf{a} = \int_V \varrho \, \mathrm{d}V = Q^V.$$

Der elektrische Fluss $\Psi^{(V)}$ durch die Oberfläche (V) des Volumens V ist gleich der Gesamtladung Q^V in diesem Volumen.

3. *Oerstedsches Flussgesetz* (Nichtexistenz magnetischer Ladungen):

$$\Phi^{(V)} = \oint_{(V)} \mathbf{B} \cdot \mathrm{d}\mathbf{a} = 0.$$

Der magnetische Fluss $\Phi^{(V)}$ durch die Oberfläche (V) des Volumens V verschwindet. In Analogie zum Gaußschen Flussgesetz bedeutet dies, dass keine magnetischen Ladungen existieren.

4. *Maxwellsches Verschiebungsstromgesetz*:

$$U_{\mathrm{m}}^{(a)} = \oint_{(a)} \mathbf{H} \cdot \mathrm{d}\mathbf{s} = \int_a \mathbf{j} \cdot \mathrm{d}\mathbf{a} + \frac{\mathrm{d}}{\mathrm{d}t} \int_a \mathbf{D} \cdot \mathrm{d}\mathbf{a} = I^a + \frac{\mathrm{d}}{\mathrm{d}t}\Psi^a.$$

Die magnetische Umlaufspannung $U_{\mathrm{m}}^{(a)}$ über den Rand (a) der Fläche a ist gleich der Summe aus elektrischem Strom I^a und Verschiebungsstrom $\mathrm{d}\Psi^a/\mathrm{d}t$ durch diese Fläche. Der Verschiebungsstrom ist gleich der zeitlichen Ableitung des elektrischen Flusses Ψ^a, vgl. auch Abschn. 1.2.

5. *Kontinuitätsgleichung, Ladungserhaltung*:

$$-\frac{\mathrm{d}}{\mathrm{d}t}Q^V = -\frac{\mathrm{d}}{\mathrm{d}t}\int_V \varrho \, \mathrm{d}V = \oint_{(V)} \mathbf{j} \cdot \mathrm{d}\mathbf{a} = I^{(V)}.$$

Die negative zeitliche Ableitung der im Volumen V enthaltenen Ladung ist gleich dem Strom durch seine Oberfläche (V). Die Kontinuitätsgleichung beschreibt die *Erhaltung der Ladung*, vgl. auch Abschn. 1.1.

Die Maxwell-Gleichungen in differentieller oder Integralform beschreiben die Beziehungen zwischen elektrischen und magnetischen Feldern. In Abwesenheit von Ladungen und Strömen z. B. bestimmt die zeitliche Ableitung eines der Felder vollständig die Rotation des jeweils anderen Feldes. Durch diese Gleichungen können die reichhaltigen elektrischen und magnetischen Phänomene beschrieben und gedeutet werden.

Elektrostatik

2.1 Das elektrostatische Feld einer Punktladung

Man betrachtet eine ortsfeste Ladung Q_i am Ort $\mathbf{r}_i$ in einem Bezugssystem. Die Ladung Q habe keine räumliche Ausdehnung, sei also eine *Punktladung*. Nach dem Coulombschen Gesetz übt sie auf eine sich an einem beliebigen anderen Ort $\mathbf{r}$ befindende Probeladung q die Kraft

$$\mathbf{F}_i(\mathbf{r}) = q\,\frac{1}{4\pi\varepsilon_0}\,\frac{Q_i}{|\mathbf{r} - \mathbf{r}_i|^2}\,\frac{\mathbf{r} - \mathbf{r}_i}{|\mathbf{r} - \mathbf{r}_i|}$$

aus. Da die Probeladung als skalarer Faktor in diesem Gesetz auftritt, kann der Einfluss der Ladung Q_i völlig unabhängig von der Probeladung durch die Größe

$$\mathbf{E}_i(\mathbf{r}) = \frac{1}{q}\mathbf{F}_i(\mathbf{r}) = \frac{1}{4\pi\varepsilon_0}\,\frac{Q_i}{|\mathbf{r} - \mathbf{r}_i|^2}\,\frac{\mathbf{r} - \mathbf{r}_i}{|\mathbf{r} - \mathbf{r}_i|} \tag{2.1}$$

beschrieben werden, welche als *elektrische Feldstärke* der sich am Ort $\mathbf{r}_i$ befindenden Punktladung Q_i bezeichnet wird. Man sagt, durch die Anwesenheit der Ladung Q_i wird der Raum mit einem *elektrischen Feld* $\mathbf{E}_i(\mathbf{r})$ erfüllt. Dabei wird jedem Raumpunkt $\mathbf{r}$ der Vektor der elektrischen Feldstärke $\mathbf{E}_i(\mathbf{r})$ zugeordnet.

Eine im Allgemeinen übersichtlichere Darstellung ist durch *Feldlinien* gegeben, welche an jedem Punkt in Richtung der Feldstärke verlaufen. Die Feldlinien zeigen zunächst nur die Richtung, nicht jedoch den Betrag der Feldstärke an. Zur Verdeutlichung des Betrages werden zusätzlich Äquipotentialflächen bzw. -linien eingezeichnet.

Die elektrische Feldstärke einer Punktladung ist ein radiales Vektorfeld vom Typ

S. Brandt et al., *Elektrodynamik, essentials*, https://doi.org/10.1007/978-3-662-64313-6_2

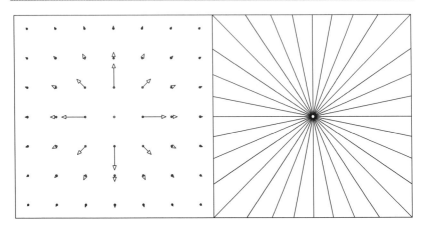

Abb. 2.1 Darstellung des elektrischen Feldes $\mathbf{E}(\mathbf{r})$ einer Punktladung an verschiedenen Punkten durch Vektorpfeile *(links)* bzw. Feldlinien *(rechts)*

$$\mathbf{E} = \alpha \mathbf{r}/r^3,$$

siehe auch Abb. 2.1.

2.2 Das Feld einer beliebigen Ladungsverteilung

Für mehrere Punktladungen $Q_1, \ldots, Q_N$, die sich an den Orten $\mathbf{r}_1, \ldots, \mathbf{r}_N$ befinden, erhält man das Feld $\mathbf{E}$ durch *Superposition* der Einzelfelder $\mathbf{E}_1, \ldots, \mathbf{E}_N$. Aus der vektoriellen Addition der Kräfte folgt eine solche auch für die Feldstärken,

$$\mathbf{E}(\mathbf{r}) = \sum_{i=1}^{N} \mathbf{E}_i(\mathbf{r}) = \frac{1}{4\pi\varepsilon_0} \sum_{i=1}^{N} \frac{Q_i}{|\mathbf{r} - \mathbf{r}_i|^2} \frac{\mathbf{r} - \mathbf{r}_i}{|\mathbf{r} - \mathbf{r}_i|}. \tag{2.2}$$

Auch wenn physikalische Ladungsverteilungen aus einzelnen Elementarladungen aufgebaut sind, deren Ausdehnung im Vergleich zu ihrem Abstand vernachlässigbar klein ist, ist in vielen Fällen eine Beschreibung durch eine kontinuierliche *Ladungsdichte* $\varrho(\mathbf{r})$ möglich. Mit der Beziehung

$$\mathrm{d}Q = \varrho(\mathbf{r})\,\mathrm{d}V$$

ist durch sie die Ladung $\mathrm{d}Q$ im Volumenelement $\mathrm{d}V$ gegeben. Die Feldstärke wird dann mit dem Volumenintegral

$$\mathbf{E}(\mathbf{r}) = \frac{1}{4\pi\varepsilon_0} \int \frac{\varrho(\mathbf{r}')}{|\mathbf{r}-\mathbf{r}'|^2} \frac{\mathbf{r}-\mathbf{r}'}{|\mathbf{r}-\mathbf{r}'|} \, dV' \tag{2.3}$$

berechnet. Wie im diskreten Fall bezeichnet der Ortsvektor $\mathbf{r}$ den *Aufpunkt,* an dem das Feld $\mathbf{E}(\mathbf{r})$ angegeben wird. Die Ortsvektoren $\mathbf{r}'$ geben die *Quellpunkte* an, d. h. die Orte der Ladungen, welche das Feld verursachen.

Es hat sich als nützlich erwiesen, auch Punktladungen Q formal durch Ladungsdichten $\varrho_Q(\mathbf{r})$ zu beschreiben. Da diese verschwindende Ausdehnungen haben, muss das Integral über deren Ladungsdichte $\varrho_Q(\mathbf{r})$ für ein beliebig kleines Volumen ΔV um deren Ort $\mathbf{r}_0$ den Wert Q ergeben,

$$\int_{\Delta V} \varrho_Q(\mathbf{r}) \, dV = Q. \tag{2.4}$$

Dies führt auf eine Punktladungsdichte am Ort $\mathbf{r}_0$ von $\varrho(\mathbf{r}) = Q\delta^3(\mathbf{r}-\mathbf{r}_0)$. Dabei ist δ^3 die dreidimensionale Diracsche δ-Distribution. Zur Vertiefung dessen siehe auch Kap. 2 und Anhang F in [E].

2.3 Elektrischer Fluss

Analog zu einer Flüssigkeitsströmung wird der Ausdruck

$$d\Psi = \varepsilon_0 \mathbf{E} \cdot d\mathbf{a}$$

als differentieller *elektrischer Fluss* durch das vektorielle differentielle Flächenelement $d\mathbf{a}$ bezeichnet. Integriert man diesen über ein Flächenstück a, so erhält man den elektrischen Fluss Ψ durch dieses Flächenstück,

$$\Psi = \varepsilon_0 \int_a \mathbf{E} \cdot d\mathbf{a}.$$

Für den elektrischen Fluss des Feldes einer zentral in einer Kugel des Radius R gelegenen Punktladung Q durch die Oberfläche dieser Kugel gilt mit $\mathbf{r} = R\mathbf{e}_r$ und dem Flächenelement $d\mathbf{a} = \mathbf{e}_r \, R^2 \, d\varphi \, d\cos\vartheta$:

$$\Psi_Q = \varepsilon_0 \oint \mathbf{E} \cdot d\mathbf{a} = \frac{1}{4\pi} \oint \frac{Q}{R^2} \frac{\mathbf{R}}{R} \cdot d\mathbf{a} = \frac{1}{4\pi} \int_0^{2\pi} \int_{-1}^{1} \frac{Q}{R^2} \frac{\mathbf{R}}{R} \cdot \frac{\mathbf{R}}{R} R^2 \, d\cos\vartheta \, d\varphi$$

$$= \frac{Q}{4\pi} \int_0^{2\pi} \int_{-1}^{1} d\cos\vartheta \, d\varphi = Q.$$

Damit ist der elektrische Fluss einer Punktladung unabhängig vom Radius der Kugel, durch die er hindurchtritt. Dies entspricht dem Strömungsverhalten einer inkompressiblen Flüssigkeit. Der Zusammenhang $\Psi_Q = Q$ gilt allgemein auch für beliebig geformte Volumina V, falls die Ladung Q in dessen Inneren liegt.

2.4   Quellen elektrostatischer Felder

Mit der Betrachtung eines Volumenelements ΔV am Ort $\mathbf{r}$ gelangt man über die Definition des Grenzwerts

$$\lim_{\Delta V \to 0} \frac{\Delta \Psi}{\Delta V}$$

zum elektrischen Fluss pro Volumeneinheit als *Quelldichte* des elektrostatischen Feldes am Ort $\mathbf{r}$. Unter Verwendung des Gaußschen Satzes, vgl. Abschn. 7.2, erhält man die Beziehung

$$\lim_{\Delta V \to 0} \frac{\Delta \Psi}{\Delta V} = \lim_{\Delta V \to 0} \frac{\varepsilon_0}{\Delta V} \oint_{(\Delta V)} \mathbf{E}(\mathbf{r}') \cdot d\mathbf{a}' = \lim_{\Delta V \to 0} \frac{\varepsilon_0}{\Delta V} \int_{\Delta V} \mathbf{\nabla}' \cdot \mathbf{E}(\mathbf{r}') \, dV'$$
$$= \varepsilon_0 \mathbf{\nabla} \cdot \mathbf{E}. \tag{2.5}$$

Die Divergenz des elektrostatischen Feldes $\mathbf{E}(\mathbf{r})$ entspricht bis auf den Faktor ε_0 der lokalen Quelldichte des elektrostatischen Feldes. Mit dem Zusammenhang zwischen dem elektrischen Fluss und der Ladung, vgl. Abschn. 2.3, gilt andererseits

$$\lim_{\Delta V \to 0} \frac{\Delta \Psi}{\Delta V} = \lim_{\Delta V \to 0} \frac{\Delta Q}{\Delta V} = \lim_{\Delta V \to 0} \frac{1}{\Delta V} \int_{\Delta V} \varrho(\mathbf{r}') \, dV' = \varrho(\mathbf{r}),$$

so dass man das *Gaußsche Gesetz*

$$\mathbf{\nabla} \cdot \mathbf{E} = \text{div } \mathbf{E}(\mathbf{r}) = \frac{1}{\varepsilon_0} \varrho(\mathbf{r}) \tag{2.6}$$

erhält (Abb. 2.2). *Die Divergenz des elektrostatischen Feldes* $\mathbf{E}(\mathbf{r})$ *ist somit bis auf den konstanten Faktor* $1/\varepsilon_0$ *gleich der Ladungsdichte.*

In räumlichen Gebieten mit verschwindender Ladungsdichte,

$$\varrho(\mathbf{r}) = 0,$$

Abb. 2.2 Carl Friedrich
Gauß, 1777–1855

erfüllt das elektrostatische Feld die Gleichung

$$\mathrm{div}\,\mathbf{E} = 0.$$

Sie gilt insbesondere für Felder von Punktladungen an allen Orten, an denen sich keine Punktladung befindet. Für die Divergenz des Feldes einer Punktladung Q am Ort $\mathbf{r}_0$ gilt insgesamt

$$\nabla \cdot \mathbf{E}_Q = \frac{1}{\varepsilon_0} Q \delta^3(\mathbf{r} - \mathbf{r}_0). \tag{2.7}$$

2.5 Wirbelfreiheit des elektrostatischen Feldes

Die Wirbel des elektrostatischen Feldes einer Punktladung werden für Punkte außerhalb des Quellpunktes $\mathbf{r} = \mathbf{r}_0$ wie folgt durch Differentiation berechnet:

$$
\begin{aligned}
\nabla \times \mathbf{E}_Q(\mathbf{r}) &= \frac{Q}{4\pi\varepsilon_0} \nabla \times \frac{\mathbf{r} - \mathbf{r}_0}{|\mathbf{r} - \mathbf{r}_0|^3} \\
&= \frac{Q}{4\pi\varepsilon_0} \left[\frac{1}{|\mathbf{r} - \mathbf{r}_0|^3} \nabla \times (\mathbf{r} - \mathbf{r}_0) + \left(\nabla \frac{1}{|\mathbf{r} - \mathbf{r}_0|^3} \right) \times (\mathbf{r} - \mathbf{r}_0) \right] \\
&= \frac{-3Q}{4\pi\varepsilon_0} \frac{\mathbf{r} - \mathbf{r}_0}{|\mathbf{r} - \mathbf{r}_0|^5} \times (\mathbf{r} - \mathbf{r}_0) = 0.
\end{aligned}
$$

Mit Hilfe des Stokesschen Satzes, vgl. Abschn. 7.2, folgt aus dem Verschwinden des Linienintegrals um $\mathbf{r}_0$ für beliebige geschlossene Wege, dass die Rotation auch für den Punkt $\mathbf{r} = \mathbf{r}_0$ verschwindet. Damit gilt für das elektrostatische Feld (2.3) einer Ladungsverteilung $\varrho(\mathbf{r}')$ nach Integration über dV' ebenso

$$\nabla \times \mathbf{E}(\mathbf{r}) = 0. \tag{2.8}$$

Die beiden Beziehungen

$$\nabla \cdot \mathbf{E}(\mathbf{r}) = \frac{1}{\varepsilon_0} \varrho(\mathbf{r}) \quad \text{und} \quad \nabla \times \mathbf{E}(\mathbf{r}) = 0 \tag{2.9}$$

für Divergenz und Rotation des elektrischen Feldes bestimmen dieses im Vakuum vollständig, wenn die statische Ladungsdichte $\varrho(\mathbf{r})$ vorgegeben ist, vgl. Abschn. B.17 in [**E**]. Diese sind die *Feldgleichungen der Elektrostatik.*

2.6 Das elektrostatische Potential

Für das elektrostatische Feld kann, wie im Folgenden dargestellt, analog zum Newtonschen Gravitationsfeld ein Potential angegeben werden. Ausgangspunkt ist das im vorigen Abschnitt beschriebene Verschwinden der Rotation des elektrostatischen Feldes. Die Verwendung des Stokesschen Satzes, vgl. Abschn. 7.2, führt auf das Verschwinden des Linienintegrals

$$\oint_{(a)} \mathbf{E}(\mathbf{r}') \cdot d\mathbf{r}' = \int_a (\nabla' \times \mathbf{E}(\mathbf{r}')) \cdot d\mathbf{a}' = 0 \tag{2.10}$$

über einen beliebigen geschlossenen Weg (a), welcher der Rand einer Fläche a ist. Durch Multiplikation von (2.10) mit der Ladung q eines punktförmigen Probekörpers wird der physikalische Inhalt direkt deutlich, denn der Wert des Linienintegrals

$$q \oint_{(a)} \mathbf{E}(\mathbf{r}') \cdot d\mathbf{r}' = \oint_{(a)} \mathbf{F}(\mathbf{r}') \cdot d\mathbf{r}' = W$$

ist die Arbeit W, welche die Kraft $\mathbf{F}$ bei der Bewegung der Probeladung längs des geschlossenen Weges (a) leistet. Diese Arbeit verschwindet nach (2.10) aufgrund der Wirbelfreiheit des elektrostatischen Feldes, womit dieses Feld konservativ ist.

Mit der Aufteilung des geschlossenen Weges über zwei jeweils enthaltene Punkte $\mathbf{r}_0$ und $\mathbf{r}$ kann die Aussage (2.10) auch so formuliert werden, dass das Linintegral unabhängig vom diese beiden Punkte verbindenden Integrationsweg ist. Das Wegintegral hängt also nur von seinen Grenzen ab,

$$\int_{\mathbf{r}_0}^{\mathbf{r}} \mathbf{E}(\mathbf{r}') \cdot d\mathbf{r}' = \varphi(\mathbf{r}_0) - \varphi(\mathbf{r}).$$

Damit wird die skalare Funktion $\varphi(\mathbf{r})$ bis auf eine additive Konstante $\varphi(\mathbf{r}_0)$ definiert, welche *Potential des elektrostatischen Feldes* heißt. Multipliziert man diese mit der Ladung q eines punktförmigen Probekörpers, so erhält man die potentielle Energie des Probekörpers im elektrostatischen Feld:

$$V(\mathbf{r}) = q\,\varphi(\mathbf{r}).$$

Aus der Kenntnis des Potentials eines Feldes erhält man umgekehrt das elektrostatische Feld durch Bildung des negativen Gradienten,

$$\mathbf{E}(\mathbf{r}) = -\nabla\varphi(\mathbf{r}), \tag{2.11}$$

ganz analog zum Gravitationsfeld, womit das Vektorfeld $\mathbf{E}(\mathbf{r})$ durch das skalare Feld $\varphi(\mathbf{r})$ in eindeutiger Weise gegeben ist.

Für das Potential einer Punktladung im Koordinatenursprung ergibt sich

$$\varphi_Q(\mathbf{r}) = \varphi_Q(\mathbf{r}_0) - \int_{\mathbf{r}_0}^{\mathbf{r}} \frac{Q}{4\pi\varepsilon_0} \frac{\mathbf{r}'}{|\mathbf{r}'|^3} \cdot d\mathbf{r}' = \varphi_Q(\mathbf{r}_0) + \frac{Q}{4\pi\varepsilon_0}\left(\frac{1}{r} - \frac{1}{|\mathbf{r}_0|}\right).$$

Wird das Potential im Unendlichen zu null gesetzt, so erhält man den Ausdruck

$$\varphi_Q(\mathbf{r}) = \frac{1}{4\pi\varepsilon_0}\frac{Q}{r}. \tag{2.12}$$

Für das Potential mehrerer Ladungen $Q_1, \ldots, Q_N$, die sich an den Orten $\mathbf{r}_1, \ldots, \mathbf{r}_N$ befinden, ergibt sich mittels Superposition

$$\varphi(\mathbf{r}) = \frac{1}{4\pi\varepsilon_0}\sum_{i=1}^{N}\frac{Q_i}{|\mathbf{r}-\mathbf{r}_i|}. \tag{2.13}$$

Entsprechend erhält man das Potential einer beliebigen Ladungsverteilung der Dichte $\varrho(\mathbf{r})$, das ebenfalls im Unendlichen verschwindet,

$$\varphi(\mathbf{r}) = \frac{1}{4\pi\varepsilon_0}\int\frac{\varrho(\mathbf{r}')}{|\mathbf{r}-\mathbf{r}'|}\,dV'. \tag{2.14}$$

Die Potentialdifferenz zwischen zwei Punkten $\mathbf{r}_1$ und $\mathbf{r}_2$ nennt man *elektrische Spannung*,

$$U = \varphi(\mathbf{r}_1) - \varphi(\mathbf{r}_2) = \int_{\mathbf{r}_1}^{\mathbf{r}_2} \mathbf{E}(\mathbf{r}') \cdot d\mathbf{r}'.$$

Als Einheit des Potentials und damit auch der Spannung wird das *Volt* eingeführt:

$$1 \text{ Volt} = 1 \text{ V} = 1 \frac{\text{N m}}{\text{C}} = 1 \frac{\text{W s}}{\text{C}} = 1 \frac{\text{J}}{\text{C}}.$$

2.7 Poisson-Gleichung. Laplace-Gleichung

Der Zusammenhang (2.6) zwischen der Divergenz des elektrostatischen Feldes und der Ladungsdichte,

$$\nabla \cdot \mathbf{E}(\mathbf{r}) = \frac{1}{\varepsilon_0} \varrho(\mathbf{r}),$$

führt mit Einsetzen von (2.11) über die Relation

$$\nabla \cdot \mathbf{E} = \nabla \cdot (-\nabla\varphi) = -\Delta\varphi$$

auf die *Poisson-Gleichung*

$$\Delta\varphi(\mathbf{r}) = -\frac{1}{\varepsilon_0} \varrho(\mathbf{r}). \tag{2.15}$$

Dies ist bei vorgegebener Ladungsdichte eine lineare inhomogene partielle Differentialgleichung zweiter Ordnung für das Potential. Sie kann für geeignet vorgegebene Randbedingungen eindeutig gelöst werden. Dies folgt aus Abschn. B.17 in [**E**] mit der Äquivalenz der Poisson-Gleichung zu den beiden Gleichungen $\nabla \times \mathbf{E} = 0$ und $\nabla \cdot \mathbf{E} = \varrho/\varepsilon_0$. Ist die Randbedingung durch das Verschwinden des Potentials im Unendlichen gegeben, dann stellt (2.14) die Lösung dar.

In Gebieten mit verschwindender Ladungsdichte erfüllt das elektrostatische Potential die homogene partielle Differentialgleichung

$$\Delta\varphi(\mathbf{r}) = 0,$$

welche *Laplace-Gleichung* genannt wird.

2.8   Elektrischer Dipol

An dieser Stelle wird das Feld zweier entgegengesetzt gleich großer Ladungen vom Betrag Q betrachtet, wobei die positive sich am Ort $\mathbf{b}/2$ und die negative sich am Ort $-\mathbf{b}/2$ befindet. Eine solche Anordnung zweier Ladungen im Abstand $b > 0$ wird als *elektrostatischer Zweipol* bezeichnet. Sie erzeugt nach (2.13) ein elektrostatisches Potential

$$\varphi(\mathbf{r}) = \frac{1}{4\pi\varepsilon_0}\left(\frac{Q}{|\mathbf{r} - \frac{1}{2}\mathbf{b}|} + \frac{-Q}{|\mathbf{r} + \frac{1}{2}\mathbf{b}|}\right). \qquad (2.16)$$

In Abb. 2.3 sind Feldlinien und Potential eines Zweipols dieser Art dargestellt.

Für hinreichend weit von der Ladungsanordnung entfernte Aufpunkte $\mathbf{r}$ kann das Potential durch eine Reihenentwicklung approximiert werden, wobei man die Taylor-Entwicklung

$$\frac{1}{|\mathbf{r} \pm \frac{1}{2}\mathbf{b}|} = \frac{1}{\sqrt{\left(\mathbf{r} \pm \frac{1}{2}\mathbf{b}\right)^2}} = \frac{1}{\sqrt{r^2 \pm \mathbf{b}\cdot\mathbf{r} + \frac{1}{4}\mathbf{b}^2}} = \frac{1}{r}\frac{1}{\sqrt{1 \pm \frac{\mathbf{b}\cdot\mathbf{r}}{r^2} + \frac{b^2}{4r^2}}}$$

$$= \frac{1}{r}\left(1 \mp \frac{1}{2}\frac{\mathbf{b}\cdot\mathbf{r}}{r^2} + \cdots\right) \qquad (2.17)$$

verwendet, welche nach dem in b linearen Glied abgebrochen wird. Die unberücksichtigten Glieder besitzen ein Abfallverhalten stärker als $1/r^2$. In das Potential eingesetzt fällt der Term mit $1/r$ weg, und man erhält das *Potential des elektrischen Dipols*

$$\varphi_{\mathbf{d}}(\mathbf{r}) = \frac{1}{4\pi\varepsilon_0}\frac{Q\mathbf{b}\cdot\mathbf{r}}{r^3} = \frac{1}{4\pi\varepsilon_0}\frac{\mathbf{d}\cdot\mathbf{r}}{r^3}. \qquad (2.18)$$

Dabei stellt

$$\mathbf{d} = Q\mathbf{b}$$

das *Dipolmoment der Ladungsanordnung* dar. Auch hier fallen die vernachlässigten Glieder wieder stärker als $1/r^2$ ab, so dass (2.18) für $r \gg b$ zur Beschreibung des Potentials der beiden Ladungen ausreicht. Dies bedeutet anschaulich Folgendes: Wird die Anordnung aus großem Abstand beobachtet, so neutralisieren die beiden Ladungen Q und $-Q$ einander in niedrigster Näherung. Der nur mit $1/r$ abfallende Beitrag vom Typ einer Punktladung, der sogenannte *Monopolbeitrag,* verschwindet, jedoch verbleibt ein mit $1/r^2$ abfallendes Potential.

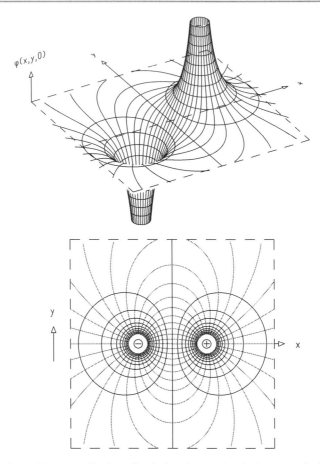

Abb. 2.3 Potential $\varphi(x, y, 0)$ eines Zweipols, also zweier Ladungen $-Q$ *(links)* und Q *(rechts)* als Fläche über der (x, y)-Ebene, in der sich die beiden Punktladungen befinden *(oben)*. Auf der y-Achse verschwindet das Potential. Feldlinien *(hellrot bzw. hellgrau)* und Äquipotentiallinien *(dunkelblau bzw. dunkelgrau)* in der (x, y)-Ebene *(unten)*

Das Potential (2.18) nennt man auch *Dipolpotential*. Das zugehörige elektrostatische *Dipolfeld* erhält man für $r \neq 0$ wieder durch Gradientenbildung,

$$\mathbf{E_d}(\mathbf{r}) = -\nabla \varphi_{\mathbf{d}}(\mathbf{r}) = \frac{1}{4\pi\varepsilon_0} \frac{3(\mathbf{d} \cdot \hat{\mathbf{r}})\hat{\mathbf{r}} - \mathbf{d}}{r^3}. \tag{2.19}$$

Interessant ist es auch, den Formalismus zur Beschreibung des elektrischen Dipols auf einen elektrischen Quadrupol auszudehnen. Die Rechnungen sind ähnlich, aber wegen der Berücksichtigung weiterer Glieder der Taylor-Entwicklung (2.17) umfangreicher. Abb. 2.4 zeigt ein Vierpolpotential für eine ebene Ladungsanordnung aus abwechselnd positiven und negativen Ladungen gleichen Betrags, die sich an den Ecken eines Quadrats befinden, in dieser Ebene.

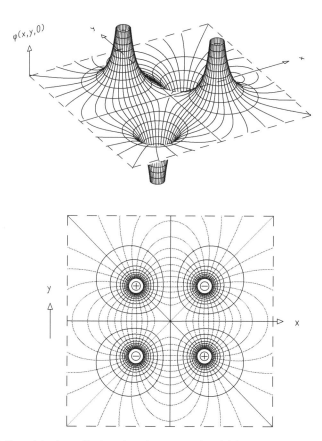

Abb. 2.4 Potential $\varphi(x, y, 0)$ einer Anordnung von vier gleichen Ladungen an den Ecken eines Quadrats *(oben)*. Feldlinien und Äquipotentiallinien *(unten)*

Die Ladungsdichte des Zweipols wird durch

$$\varrho_Z = Q\delta^3(\mathbf{r} - \mathbf{b}/2) - Q\delta^3(\mathbf{r} + \mathbf{b}/2)$$

beschrieben. Für den Grenzfall $b \to 0$ werden die Glieder nullter und erster Ordnung in b als Näherung angegeben (siehe [**E**, Anhang])

$$\delta^3(\mathbf{r} \pm \mathbf{b}/2) = \delta^3(\mathbf{r}) \pm \frac{\mathbf{b}}{2} \cdot \nabla \delta^3(\mathbf{r}).$$

Für die Differenz erhält man dann für $b \to 0$

$$\delta^3(\mathbf{r} - \mathbf{b}/2) - \delta^3(\mathbf{r} + \mathbf{b}/2) = -\mathbf{b} \cdot \nabla \delta^3(\mathbf{r})$$

und somit für die Ladungsdichte des Dipols

$$\varrho_D = -Q\mathbf{b} \cdot \nabla \delta^3(\mathbf{r}) = -\mathbf{d} \cdot \nabla \delta^3(\mathbf{r}).$$

Damit das Dipolmoment $\mathbf{d} = Q\mathbf{b}$ nicht verschwindet, muss die Ladung Q proportional zu $1/b$ wachsen.

2.9　Elektrostatik in Anwesenheit von Leitern

In Leitern existieren viele frei bewegliche Ladungen. Ein Leiter mit verschwindender Gesamtladung in einem feldfreien Raum besitzt überall verschwindende Ladungsdichte, weil anderenfalls elektrische Felder zwischen Gebieten verschiedener Ladungsdichte entstünden, die einen Ladungsausgleich bewirkten. Auf einem Leiter in einem elektrischen Feld entstehen auf der Oberfläche des Leiters Flächenladungsdichten durch die vom elektrischen Feld auf die Ladungsträger ausgeübten Kräfte. Der statische Zustand ist erreicht, wenn diese Kräfte senkrecht zur Leiteroberfläche stehen, so dass auch kein Ladungstransport parallel zur Leiteroberfläche stattfindet. Die Leiteroberfläche ist dadurch Äquipotentialfläche. Man sagt, das elektrische Feld influenziert Ladungsdichten auf Leiteroberflächen, das Phänomen heißt *Influenz*.

Wir betrachten eine Parallelanordnung zweier ebener Metallplatten, deren Kantenlängen groß im Vergleich zu ihrem Abstand sind. Eine der beiden trage eine Ladung $Q > 0$, die andere die Ladung $-Q$.

Mit Hilfe des Flussintegrals erhalten wir die Aussagen: Die Flächenladungsdichten σ' und σ'' der beiden Platten sind entgegengesetzt gleich, $\sigma' = -\sigma''$. Die Normalkomponente der Feldstärke $\mathbf{E}$ zwischen den beiden Flächen ist abgesehen von den Randzonen homogen, $E = |\sigma|/\varepsilon_0$. Die Anordnung eignet sich als *Plattenkondensator* zur Ladungsspeicherung. Für eine Plattenfläche a, ihren Abstand b und eine Ladung Q gilt der Zusammenhang

$$U = \frac{1}{\varepsilon_0}\sigma b = \frac{1}{\varepsilon_0}\frac{b}{a}Q \qquad (2.20)$$

mit der Spannung U zwischen den beiden Platten. Die Proportionalitätskonstante $\varepsilon_0 \frac{a}{b} = C$ heißt *Kapazität* des Kondensators.

Die Einheit der Kapazität ist (benannt nach M. Faraday)

$$1 \text{ Farad} = 1\,\text{F} = 1\,\text{C}\,\text{V}^{-1}.$$

Zwischen den Platten eines Kondensators herrscht eine anziehende Kraft $F = \varepsilon_0 a E^2/2$, vgl. Abschn. 3.2 in [**E**]. Die in einem Kondensator gespeicherte Energie ist

$$W = Fb = \frac{1}{2}CU^2 = \frac{1}{2}\varepsilon_0 ab\mathbf{E}^2.$$

Diese ist proportional zum Kondensatorvolumen $V = ab$, wodurch sich

$$w_e = \frac{W}{V} = \frac{1}{2}\varepsilon_0\mathbf{E}^2 \qquad (2.21)$$

als die dem elektrischen Feld zuzuordnende elektrische Energiedichte (im Vakuum) darstellt.

Mit Hilfe der Methode der Spiegelladungen lassen sich die Kapazitäten von Leiteranordnungen und Ladungen berechnen.

2.10 Elektrostatik in Materie

Die Ladungsverteilung in Materie besteht aus zwei Anteilen, der äußeren

$$\varrho_{\text{mikr}}(\mathbf{r}) = \sum_i q_i \delta^3(\mathbf{r} - \mathbf{r}_i),$$

bestehend aus Punktladungen q_i an den festen Orten $\mathbf{r}_i$, und einer sich unter dem Einfluss des elektrischen Feldes ausbildenden Polarisationsladungsdichte $\varrho_{\text{P,mikr}}$. Dabei kennzeichnet der Index „mikr" die mikroskopischen Größen, bei denen die einzelnen Ladungsträger jeweils als Punktladungen (bzw. Dipole) in den Ausdrücken berücksichtigt werden. Die Atome oder Moleküle der Materie sind elektrisch neutral, das äußere Feld verschiebt den Schwerpunkt der atomaren oder molekularen Ladungsdichten gegeneinander. Dabei können die Ladungsdichten im Inneren der Materie in erster Näherung durch Dipolladungsdichten, vgl. Abschn. 2.8, beschrieben werden,

$$\varrho_{P,\text{mikr}}(\mathbf{r}) = -\sum_i \mathbf{d}_i \cdot \nabla \delta^3(\mathbf{r} - \mathbf{r}_i) = -\nabla \cdot \sum_i \mathbf{d}_i \delta^3(\mathbf{r} - \mathbf{r}_i) = -\nabla \cdot \mathbf{P}_{\text{mikr}}(\mathbf{r}).$$

Hier ist

$$\mathbf{P}_{\text{mikr}}(\mathbf{r}) = \sum_i \mathbf{d}_i \delta^3(\mathbf{r} - \mathbf{r}_i)$$

die *elektrische Polarisation*. Die elektrische Feldstärke ist dann durch die Gleichung

$$\nabla \cdot \mathbf{E} = \frac{1}{\varepsilon_0}(\varrho_{\text{mikr}}(\mathbf{r}) + \varrho_{P,\text{mikr}}(\mathbf{r}))$$

gegeben.

Die Anwendung eines Mittelungsprozesses [E, Anhang G] auf die Feldgleichung liefert die gemittelten Felder $\mathbf{E}$, $\mathbf{P}$ und die gemittelten Ladungsdichten ϱ, ϱ_P zu den entsprechenden mikroskopischen Größen. Bestehen die äußere Ladungsdichte aus Objekten gleicher Ladung $q_i = q$ und die Polarisationsladungsdichte aus gleichen Dipolmomenten $\mathbf{d}_i = \mathbf{d}$ aller Moleküle, dann lassen sich die Ladungsdichten schreiben als

$$\varrho(\mathbf{r}) = qn(\mathbf{r}), \qquad \varrho_P(\mathbf{r}) = \mathbf{d}n_{\mathbf{d}}(\mathbf{r}),$$

wobei $n(\mathbf{r})$ und $n_{\mathbf{d}}(\mathbf{r})$ die mittleren Anzahldichten der äußeren Ladungen und der Dipole darstellen.

Für das elektrische Feld kann nun die Gleichung

$$\nabla \cdot \mathbf{E} = \frac{1}{\varepsilon_0}\varrho(\mathbf{r}) - \frac{1}{\varepsilon_0}\nabla \cdot \mathbf{P}(\mathbf{r}) \tag{2.22}$$

geschrieben und in die Form

$$\nabla \cdot \mathbf{D}(\mathbf{r}) = \nabla \cdot [\varepsilon_0 \mathbf{E}(\mathbf{r}) + \mathbf{P}(\mathbf{r})] = qn(\mathbf{r}) = \varrho(\mathbf{r})$$

gebracht werden. Dabei ist

$$\mathbf{D}(\mathbf{r}) = \varepsilon_0 \mathbf{E}(\mathbf{r}) + \mathbf{P}(\mathbf{r}) \tag{2.23}$$

die elektrische Flussdichte. Ihr Integral über die Oberfläche (V) des Volumens V ist, vgl. auch Abschn. 2.4,

$$\oint_{(V)} \mathbf{D} \cdot d\mathbf{a} = \int_V \boldsymbol{\nabla} \cdot \mathbf{D} \, dV = \int_V \varrho \, dV = Q. \tag{2.24}$$

Für den Fall linearer Abhängigkeit der Polarisation vom elektrischen Feld,

$$\mathbf{P} = \varepsilon_0 \chi_e \mathbf{E},$$

mit der *elektrischen Suszeptibilität* χ_e, gilt

$$\mathbf{D} = \varepsilon_0 (1 + \chi_e) \mathbf{E} = \varepsilon_0 \varepsilon_r \mathbf{E}.$$

Dabei ist $\varepsilon_r = (1 + \chi_e)$ die *Permittivitätszahl* oder *relative Permittivität* der Materie.

Ladungstransport und Widerstand 3

3.1 Elektrischer Strom als Ladungstransport

In der Elektrostatik wurden ausschließlich statische Anordnungen von Ladungen betrachtet, also solche, die sich im betrachteten Zeitraum nicht verändern. Bei Polarisations- oder Influenzvorgängen treten zwar kurzzeitig Ladungsverschiebungen auf, an deren Ende erhält man jedoch einen statischen Zustand, und nur dieser wird quantitativ beschrieben.

Sich bewegende elektrische Ladungen stellen einen Strom elektrischer Ladung dar. Dieser heißt auch kurz *elektrischer Strom*.

Existiert in einem Raumbereich eine Ladungsdichte $\varrho(\mathbf{r})$, die sich mit der Geschwindigkeit $\mathbf{v}(\mathbf{r})$ bewegt, so definiert man das Produkt

$$\mathbf{j}(\mathbf{r}) = \varrho(\mathbf{r})\mathbf{v}(\mathbf{r}) \tag{3.1}$$

der beiden als die *elektrische Stromdichte* am Ort $\mathbf{r}$.

Mit *elektrischem Strom* oder *elektrischer Stromstärke* durch das orientierte Flächenelement $\mathrm{d}\mathbf{a} = \hat{\mathbf{a}}\,\mathrm{d}a$ wird das Skalarprodukt

$$\mathrm{d}I = \mathbf{j} \cdot \mathrm{d}\mathbf{a}. \tag{3.2}$$

bezeichnet. Dabei hängt das Vorzeichen des Stromes entscheidend von der Wahl der Flächennormale $\hat{\mathbf{a}}$ ab.

Um (3.2) zu veranschaulichen, betrachtet man das Produkt von $\mathrm{d}I$ mit einem kleinen Zeitintervall $\mathrm{d}t$,

$$\mathrm{d}I\,\mathrm{d}t = \mathbf{j} \cdot \mathrm{d}\mathbf{a}\,\mathrm{d}t = \varrho\mathbf{v} \cdot \mathrm{d}\mathbf{a}\,\mathrm{d}t = \varrho\,\mathrm{d}\mathbf{a} \cdot \mathrm{d}\mathbf{x}. \tag{3.3}$$

© Der/die Autor(en), exklusiv lizenziert durch Springer-Verlag GmbH, DE, ein Teil von Springer Nature 2021
S. Brandt et al., *Elektrodynamik,* essentials,
https://doi.org/10.1007/978-3-662-64313-6_3

Dabei ist $d\mathbf{x} = \mathbf{v}\,dt$ das Wegstück, welches die Ladungsträger in der Zeit dt zurücklegen. Das Skalarprodukt $d\mathbf{a} \cdot d\mathbf{x}$ entspricht bis auf das Vorzeichen dem Volumen dV, welches die Ladung $\varrho\,dV$ enthält, die in der Zeit dt die Oberfläche $d\mathbf{a}$ passiert. Daher ist der Strom als die Ladung dQ pro Zeit dt gegeben. Für die *Einheit des Stromes* gilt

$$1\,\text{Ampère} = 1\,\text{A} = 1\,\text{C s}^{-1}.$$

3.2 Ohmsches Gesetz

Beim Ladungstransport treten verschiedenartige Phänomene auf, welche im Einzelnen davon abhängen, in welcher Umgebung sich die Ladungsträger bewegen.

An dieser Stelle wird nun ein zylindrisches Volumen V der Länge ℓ betrachtet, dessen Endflächen (Größe a) auf den konstanten Potentialen φ_0 und φ_1 gehalten werden. In einem leitenden Material höherer Dichte haben die Ladungsträger bei ihrer Bewegung eine geringe mittlere freie Weglänge, wobei ein linearer Zusammenhang $\mathbf{j} = \kappa\mathbf{E}$ zwischen der lokalen Stromdichte und dem lokalen elektrischen Feld besteht. Darin stellt κ die *Leitfähigkeit* der Substanz dar. Für die Potentialdifferenz gilt damit

$$U = \varphi_0 - \varphi_1 = \int \mathbf{E} \cdot d\mathbf{r} = E\ell,$$

und durch die Endflächen fließt jeweils ein Strom der Größe

$$I = \int \mathbf{j} \cdot d\mathbf{a} = ja = \kappa E a = \frac{\kappa a}{\ell}U,$$

$$I = \frac{U}{R}. \tag{3.4}$$

Damit wird ein linearer Zusammenhang zwischen dem Strom durch einen Zylinderquerschnitt und der an den Endflächen angelegten Spannung erkennbar, welcher nach seinem Entdecker (Abb. 3.1) *Ohmsches Gesetz* genannt wird. Die dort auftretende Proportionalitätskonstante ist der sogenannte *Leitwert,* und deren Kehrwert R wird (elektrischer) *Widerstand* genannt. Dieser hängt nur von der gegebenen Anordnung ab, jedoch nicht von Strom oder Spannung. Mit der obigen Rechnung ergibt sich für einen homogenen, mit leitender Substanz erfüllten Zylinder der Widerstand

$$R = \frac{\ell}{\kappa a}, \tag{3.5}$$

Abb. 3.1 Georg Simon
Ohm, 1789–1854

vgl. auch Abb. 3.2.

Als SI-Einheit des Widerstandes wird das *Ohm* eingeführt,

$$1 \text{ Ohm} = 1\,\Omega = 1\,\text{V}\,\text{A}^{-1}.$$

Abb. 3.2 Illustration des
Ohmschen Gesetzes

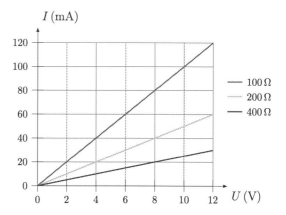

In einem elektrischen Feld wird den beweglichen Ladungsträgern die Energie $dW = q\mathbf{E} \cdot \mathbf{v}\,dt$ zugefügt, d. h. die übertragene Leistung ist $P = q\mathbf{v} \cdot \mathbf{E}$. Durch Verwendung der Ladungsdichte und mit (3.1) gelangt man dann zur Leistungsdichte $p = \mathbf{j} \cdot \mathbf{E}$ des elektrischen Feldes. Fällt in einem zylindrischen Leiterstück der Grundfläche a und der Länge ℓ die Spannung U (gleichmäßig) ab (s. o.), so liegt dort ein Feld $E = U/\ell$ vor, und die dort insgesamt umgesetzte Leistung ergibt sich mit $V = a\ell$ zu $N = Vp = ja \cdot E\ell = IU$.

Unter Verwendung des Ohmschen Gesetzes (3.4) kann die Leistung des Feldes auch durch Strom oder Spannung jeweils zusammen mit dem Widerstand ausgedrückt werden:

$$N = UI = RI^2 = \frac{U^2}{R}. \tag{3.6}$$

Gilt in einem Leiter das Ohmsche Gesetz, so nimmt die mittlere Ladungsträgergeschwindigkeit im Feld nicht zu. Die aufgenommene Energie führt also nicht zur Erhöhung der mittleren kinetischen Energie der Ladungsträger. Sie wird stattdessen in Stoßprozessen mit den Leiterbausteinen wieder abgegeben und findet sich als Wärmeenergie *(Joulesche Wärme)*, z. B. der Gitteratome eines Festkörpers, wieder. Die Leistung (3.6), die beim Ladungstransport mittels des Stromes I durch den Widerstand R auftritt, wird *Verlustleistung* genannt. Widerstände (und andere Bauelemente, die einem angelegten elektrischen Feld Leistung entziehen), heißen daher auch (Energie-)*Verbraucher.*

3.3   Ionen- und Elektronenleitung in ionisierten Gasen

Eine spezielle Anwendung des Ladungstransports ist die Ionen- und Elektronenleitung in Gasen. Gegenüber Flüssigkeiten und Festkörpern, in denen frei bewegliche Ionen bzw. Elektronen dauernd vorliegen können, besitzen Gase keine frei beweglichen Ladungsträger. Zur Ermöglichung eines Ladungstransports in Gasen müssen frei bewegliche Ladungsträger dort hineingebracht oder erzeugt werden. Dabei kommt den Übergangsflächen zwischen Gas und Zuleitungen meist eine besondere Rolle zu.

Hier wird als Anwendung die Ionisationskammer betrachtet, in der die Ladungsträger im Gasraum erzeugt werden. Man kann die Strahlung einer Röntgenröhre oder einer radioaktiven Quelle verwenden, um Moleküle des Gases zu ionisieren, d. h. in Ionen und Elektronen zu zerlegen. Im Gasraum findet ein Ladungstransport statt, wenn an zwei sich dort befindende Elektroden eine Spannung angelegt wird, d. h.

(a)

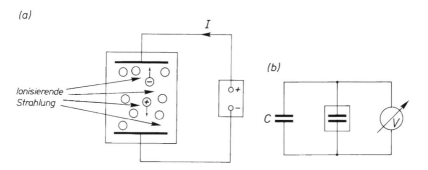

Ionisierende Strahlung

Abb. 3.3 Prinzip der Ionisationskammer (**a**). Ionisationskammer als Dosimeter (**b**)

dann fließt ein Strom (Abb. 3.3a). Dieser entspricht der durch Ionisation erzeugten Ladung pro Zeiteinheit und beschreibt damit die Strahlungsintensität.

Dieser Umstand kann zur Messung der Strahlungsdosis genutzt werden. Dazu wird parallel zu den Elektroden der Ionisationskammer ein Kondensator geschaltet (Abb. 3.3b), wobei die Spannung U bzw. die Ladung $Q = CU$ des Kondensators mit einem empfindlichen Voltmeter gemessen wird. Der Transport einer durch Ionisation gebildeten, beweglichen Ladung ΔQ im Gasraum verursacht die Entladung des Kondensators um dieselbe Ladungsmenge und führt zu einer Verminderung der Spannung um $\Delta U = \Delta Q / C$.

Das Verhalten der beschriebenen Anordnung aus zwei Elektroden im Gasraum wird für höhere Spannungen wesentlich komplizierter. Gasentladungen werden in der angewandten Physik untersucht und stellen dort einen wichtigen Teilbereich dar. Hier soll lediglich noch auf eine wichtige Eigenschaft hingewiesen werden, die sich aus der folgenden Überlegung ergibt: Für den Fall, dass die elektrische Feldstärke so groß wird, dass ein sich im Gasraum befindender Ladungsträger pro mittlere freie Weglänge zwischen zwei Stößen so viel Energie aufnimmt, dass damit ein weiteres Gasmolekül ionisiert werden kann, entsteht eine Lawine aus Ladungsträgern. D. h. der Strom steigt äußerst schnell an, wobei dessen Abhängigkeit von der angelegten Spannung deutlich nichtlinear ist. Damit handelt es sich bei Gasentladungsgefäßen um nichtohmsche Verbraucher.

Die Grenzfeldstärke, bei der die zuvor beschriebene Lawinenbildung einsetzt, wird Durchschlagsfeldstärke des Gases genannt. Für trockene Luft beträgt sie ca. 20 kV/cm. Insbesondere bei der Planung von Hochspannungsanlagen ist diese zu beachten, weil Luft oberhalb der Durchschlagsfeldstärke nicht mehr isolierend wirkt.

3.4   Solare Teilchenströme

Die Emission von solaren Teilchen (‚Sonnenwind') stellt einen Teilchenstrom von der Sonne dar, der starken Schwankungen unterworfen ist. Dieser stark zeitabhängige Strom geladener solarer Teilchen ist von starken magnetischen Wechselfeldern begleitet, die z. B. auf das Erdmagnetfeld einwirken und damit die galaktische kosmische Strahlung modulieren. Die magnetischen Wechselfelder induzieren in Überlandleitungen starke Spannungsspitzen, die zu heftigen Überspannungen führen können, und damit Black-outs in ganzen Landstrichen hervorrufen können und das in der Vergangenheit auch schon getan haben.

Außerdem stellen die solaren Teilchenströme z. T. starke Strahlenbelastungen für Astronauten dar. Ein Hin- und Rückflug zum Mars (500 Tage) stellt bei normaler Sonnenaktivität eine Strahlenbelastung von fast 1000 mSv (milli-Sievert) für die Astronauten dar (die letale Dosis für den Menschen ist 4500 mSv). Falls während der Marsmission ein starker solarer Ausbruch auftritt, könnte sogar eine letale Dosis für die Astronauten erreicht werden. Abschirmungen dagegen sind problematisch.

Kräfte auf Ladungen

Grundlegende Experimente der Elektrodynamik haben folgende Einsicht in die Struktur der magnetischen Kräfte auf geladene Teilchen geliefert:

1. Ein Strom übt auf ein ruhendes Teilchen keine Kraft aus, wohl aber auf ein bewegtes.
2. Der Betrag der Kraft ist sowohl dem Betrag des Stromes als auch dem Betrag der Geschwindigkeit des Teilchens proportional.
3. Die Kraft auf ein bewegtes Teilchen hat keine Komponente in Richtung der Geschwindigkeit $\mathbf{v}$ des Teilchens. Sie steht somit senkrecht auf $\mathbf{v}$.
4. Die Kraft steht senkrecht auf einem stromproportionalen Feld $\mathbf{B}$, das für einen gestreckten Draht in eine zu diesem azimutale Richtung zeigt.

Die Kraft auf ein solches Teilchen der Ladung Q ist gegeben durch die *Lorentz-Kraft*

$$\mathbf{F} = Q\mathbf{v} \times \mathbf{B}. \qquad (4.1)$$

Das Feld $\mathbf{B}$, mit dem wir die magnetischen Erscheinungen beschreiben werden, wird *magnetische Flussdichte* genannt. Die SI-Einheit der magnetischen Flussdichte $\mathbf{B}$ ist

$$1 \text{ Tesla} = 1\,\text{T} = 1\,\text{V s m}^{-2}.$$

Die Feldlinien des $\mathbf{B}$-Feldes eines gestreckten Drahtes sind Kreise, deren Mittelpunkte im Draht liegen und deren Flächennormalen in Drahtrichtung zeigen. Die Richtung der Feldlinien wird anschaulich durch die *Rechte-Hand-Regel,* vgl. Abb. 4.1, ausgedrückt: *Weist der Daumen einer halbgeöffneten rechten Hand in Stromrichtung, so zeigen die Finger in Feldrichtung.*

Der Ausdruck

© Der/die Autor(en), exklusiv lizenziert durch Springer-Verlag GmbH, DE, ein Teil von Springer Nature 2021
S. Brandt et al., *Elektrodynamik,* essentials,
https://doi.org/10.1007/978-3-662-64313-6_4

Abb. 4.1 Illustration der
Rechte-Hand-Regel

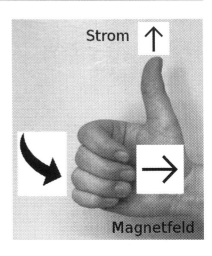

$$\mathbf{B} = 2\frac{\mu_0}{4\pi}I\frac{\hat{\mathbf{n}} \times \hat{\mathbf{r}}_\perp}{r_\perp} \tag{4.2}$$

für die magnetische Flussdichte beschreibt das Feld um einen (unendlich) langen, geraden Draht mit Richtungsvektor $\hat{\mathbf{n}}$, in dem der elektrische Strom I fließt.

Die in $\mathbf{B}$ enthaltene *magnetische Feldkonstante* μ_0 (siehe auch Kap. 1) ist auf den Wert

$$\mu_0 = 4\pi \cdot 10^{-7}\,\mathrm{V\,s\,A^{-1}\,m^{-1}}$$

festgelegt. Über die Beziehung (1.12) $\varepsilon_0\mu_0 = 1/c^2$ legt μ_0 für gegebene Lichtgeschwindigkeit c im Vakuum den Wert der elektrischen Feldkonstante ε_0 fest.

Für ein beliebig geformtes Drahtstück kann man wegen der Vektoreigenschaft von $\mathbf{B}$ davon ausgehen, dass jedes Linienelement $\mathrm{d}\ell'$ des Drahtes am Ort $\mathbf{r}'$ einen Beitrag $\mathrm{d}\mathbf{B}$ zum Feld $\mathbf{B}$ am Ort $\mathbf{r}$ liefert. Das gesamte Feld $\mathbf{B}$ erhält man dann durch Integration über alle Elemente $\mathrm{d}\ell'$. Das Element $\mathrm{d}\mathbf{B}$ muss die Form

$$\mathrm{d}\mathbf{B} = \frac{\mu_0}{4\pi}I\frac{\hat{\mathbf{n}}(\mathbf{r}') \times (\mathbf{r} - \mathbf{r}')}{|\mathbf{r} - \mathbf{r}'|^3}\,\mathrm{d}\ell' \tag{4.3}$$

haben, damit man das Ergebnis (4.2) für den langen, geraden Draht mittels Integration reproduzieren kann, vgl. Abschn. 8.2 in [**E**]. Dabei ist $\hat{\mathbf{n}}(\mathbf{r}')$ der ortsabhängige Richtungseinheitsvektor des Stroms I.

Die Integration des Elementes $\mathrm{d}\mathbf{B}$ über $\mathrm{d}\ell'$ liefert als Ausdruck für die magnetische Flussdichte eines beliebig geformten Drahtstückes, in dem der Strom I fließt, das *Biot–Savartsche Gesetz.* Durch Verwendung der räumlichen Stromdichteverteilung $\mathbf{j}$ geht $I\,\hat{\mathbf{n}}(\mathbf{r}')\,\mathrm{d}\ell'$ dabei über in $\mathbf{j}(\mathbf{r}')\,\mathrm{d}V'$, womit sich diese Beziehung schreiben lässt als

$$\mathbf{B}(\mathbf{r}) = \frac{\mu_0}{4\pi} \int \frac{\mathbf{j}(\mathbf{r}') \times (\mathbf{r} - \mathbf{r}')}{|\mathbf{r} - \mathbf{r}'|^3} \, \mathrm{d}V'. \tag{4.4}$$

Auf ein Teilchen der Masse m, der Ladung q und der Geschwindigkeit $\mathbf{v}$ wirkt in einem $\mathbf{B}$-Feld durch die Lorentz-Kraft (4.1) die Beschleunigung

$$\dot{\mathbf{v}} = \frac{q}{m}\mathbf{v} \times \mathbf{B}.$$

Sie steht stets senkrecht zur Geschwindigkeit und kann daher den Betrag der Geschwindigkeit nicht verändern, d. h. er behält den konstanten Wert $v = v_0$. Somit lässt sich die kinetische Energie eines Teilchens durch ein (zeitlich konstantes) $\mathbf{B}$-Feld *nicht* erhöhen.

Für den Fall des homogenen, d. h. ortsunabhängigen $\mathbf{B}$-Feldes wird nun die Teilchengeschwindigkeit in Anteile parallel und senkrecht zu $\mathbf{B}$ zerlegt,

$$\mathbf{v} = \mathbf{v}_{\parallel} + \mathbf{v}_{\perp}.$$

Da die Beschleunigung

$$\dot{\mathbf{v}} = \frac{q}{m}(\mathbf{v}_{\parallel} + \mathbf{v}_{\perp}) \times \mathbf{B} = \frac{q}{m}\mathbf{v}_{\perp} \times \mathbf{B}$$

keine Komponente in Richtung des $\mathbf{B}$-Feldes besitzt, handelt es sich in dieser Richtung um eine gleichförmige Teilchenbewegung. Die Beschleunigung hat den konstanten Betrag

$$a = \frac{|q|}{m}v_{\perp}B \tag{4.5}$$

und wirkt senkrecht zu $\mathbf{B}$ und $\mathbf{v}_{\perp}$. Dies führt also in einer zu $\mathbf{B}$ senkrechten Ebene zu einer Kreisbahn, die mit einer konstanten Winkelgeschwindigkeit durchlaufen wird.

Falls die Geschwindigkeit $\mathbf{v}$ eines Teilchens senkrecht zu $\mathbf{B}$ ist, welches zuvor mittels der Spannung U auf die kinetische Energie $mv^2/2 = |q|U$ und damit auf den Geschwindigkeitsbetrag v beschleunigt wurde, ergibt sich aus (4.5) mit Hilfe der Zentrifugalbeschleunigung $a = v^2/R$ die spezifische Ladung des Teilchens zu:

$$\frac{|q|}{m} = \frac{2U}{R^2 B^2}.$$

Abb. 4.2 Experimentelle Anordnung zur Bestimmung des Quotienten aus Ladung und Masse des Elektrons. Die Helmholtz-Spule erzeugt ein transversales Magnetfeld und zwingt die Elektronen auf eine Kreisbahn. Die Elektronenspur wird durch die Wechselwirkung der Elektronen mit dem sehr stark verdünnten Gas der ‚Vakuumröhre' sichtbar (*weißer* Kreis)

Durch Einsetzen der Zahlwerte für U, R und B aus einem Experiment für Elektronen (Abb. 4.2 und Experiment 8.4 in [**E**]) erhalten wir

$$\frac{|q|}{m} \approx 1,758 \cdot 10^{11} \, \text{C} \, \text{kg}^{-1}.$$

Bei einem beliebigen Winkel zwischen Teilchengeschwindigkeit und **B**-Feld ergibt sich als Teilchenbahn eine Schraubenlinie (Abb. 4.3 und Abb. 4.4).

4.1   Lorentz-Kraft und Stromerzeugung

Bewegt sich eine Ladung q mit der Geschwindigkeit **v** in einem **B**-Feld, so wirkt auf diese die Lorentz-Kraft, $\mathbf{F} = q \, (\mathbf{v} \times \mathbf{B})$, vgl. (4.1). Ist diese Geschwindigkeit durch die Bewegung eines Leiters begründet, so führt die Lorentz-Kraft zu einer Bewe-

Abb. 4.3 Illustration von Schraubenbahnen geladener Teilchen beim nicht-transversalen Einschuss in ein homogenes Magnetfeld

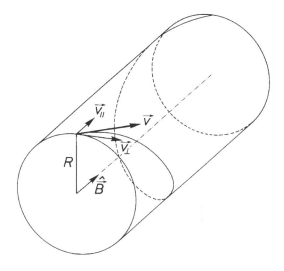

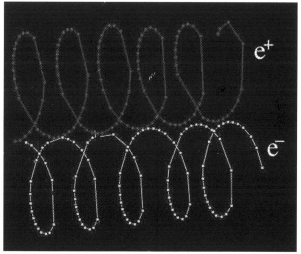

Abb. 4.4 Spuren eines Elektrons (e^-) und Positrons (e^+) in einem transversalen Magnetfeld der Zeitprojektionskammer des ALEPH-Experimentes. Die beiden Teilchen werden durch die Konversion eines energiereichen Photons erzeugt. Beide haben eine Impulskomponente in Richtung des Magnetfeldes und werden demzufolge auf Helixbahnen abgelenkt

gung von freien Leitungsträgern, speziell Elektronen. Sie verursacht damit einen Strom im Leiter. Der Abschn. 8.12 in [E] behandelt die fundamentalen Beispiele der Einführung einer rechteckigen Drahtschleife in ein räumlich begrenztes homogenes Magnetfeld und die Drehung einer solchen innerhalb eines (ausgedehnten) homogenen Magnetfeldes. Im folgenden Abschnitt wird stattdessen der Fall einer allgemeinen Translation betrachtet.

4.1.1 Translation einer Drahtschleife in einem zeitunabhängigen, inhomogenen B-Feld

Die folgende Betrachtung verwendet eine nichtrelativistische Behandlung und setzt damit voraus, dass alle vorkommenden Geschwindigkeiten klein gegenüber der Lichtgeschwindigkeit c des Vakuums sind.

Ein Bezugssystem K' bewege sich gegenüber einem System K, vgl. [M],

$$\mathbf{r}(t) = \mathbf{r}_{\mathrm{tr}}(t) + \mathbf{r}'(t), \tag{4.6}$$

woraus die Beziehung

$$\mathbf{v}(\mathbf{r}(t), t) = \dot{\mathbf{r}}(t) = \dot{\mathbf{r}}_{\mathrm{tr}}(t) + \mathbf{v}'(t) \tag{4.7}$$

für die in den jeweiligen Systemen beobachtete Geschwindigkeit folgt.

Eine dünne Leiterschleife werde mittels einer (geschlossenen) Kurve C im mitbewegten System K' zeitunabhängig durch C' beschrieben und im Laborsystem K entsprechend durch $C(t)$. Im Raum liege das zeitunabhängige Magnetfeld $\mathbf{B}(\mathbf{r})$ vor. Auf eine Ladung q innerhalb des bewegten Leiters wirkt damit die Lorentz-Kraft

$$\mathbf{F}_{\mathrm{L}}(\mathbf{r}(t), t) = q\mathbf{v}(\mathbf{r}(t), t) \times \mathbf{B}(\mathbf{r}(t)). \tag{4.8}$$

Aus dem mitbewegten System betrachtet ist das Magnetfeld zeitabhängig, die Ladung q befindet sich jedoch in Ruhe, wodurch die Kraftwirkung dort über ein elektrisches Feld $\mathbf{E}'(\mathbf{r}(t), t) = \mathbf{F}_{\mathrm{L}}(\mathbf{r}(t), t)/q$ beschrieben wird. Dabei wird jegliche Kraftwirkung auf die Ladung senkrecht zum Leiter von der Anordnung kompensiert – Bewegungen der Ladungsträger in Drahtrichtung liefern nur Kräfte senkrecht zum Leiter –, und so kann nur die Parallelkomponente von $\mathbf{E}'$ zur Beschleunigung der Ladung beitragen. Integriert man diese über den gesamten Leiter, so erhält man die durch die Leiterbewegung verursachte Randspannung

$$U(t) = \frac{1}{q} \oint_{C(t)} \mathbf{F}_{\mathrm{L}}(\mathbf{r}, t) \cdot d\mathbf{r} \tag{4.9}$$

$$= \oint_{C(t)} (\mathbf{v}(\mathbf{r}, t) \times \mathbf{B}(\mathbf{r})) \cdot d\mathbf{r}, \tag{4.10}$$

beschrieben im Laborsystem. Ist A eine Fläche, welche die Kurve C als Randkurve besitzt, dann folgt mit dem Satz von Stokes (7.8)

$$U(t) = \int_{A(t)} (\nabla \times (\mathbf{v}(\mathbf{r}, t) \times \mathbf{B}(\mathbf{r}))) \cdot d\mathbf{a}. \tag{4.11}$$

Die Umformung des Integranden ergibt

$$\nabla \times (\mathbf{v} \times \mathbf{B}) = \mathbf{v}(\nabla \cdot \mathbf{B}) + (\mathbf{B} \cdot \nabla)\mathbf{v} - \mathbf{B}(\nabla \cdot \mathbf{v}) - (\mathbf{v} \cdot \nabla)\mathbf{B} = -(\mathbf{v} \cdot \nabla)\mathbf{B},$$

weil die Divergenz des Magnetfeldes mit (1.2d) und die räumlichen Ableitungen der Geschwindigkeit (4.7) wegen $\mathbf{v}'(t) = 0$ und damit $\mathbf{v} = \mathbf{v}(\mathbf{r}(t), t) = \dot{\mathbf{r}}_{\mathrm{tr}}(t) = \mathrm{const}|_{t=\mathrm{const}}$ verschwinden. Für den verbliebenen Term des Integranden erhält man mit Hilfe der Kettenregel der Differentiation

$$-(\mathbf{v}(\mathbf{r}(t), t) \cdot \nabla)\,\mathbf{B}(\mathbf{r}(t)) = -\frac{\mathrm{d}}{\mathrm{d}t}\mathbf{B}(\mathbf{r}(t)).$$

Setzt man dies in (4.11) ein, so folgt daraus

$$U(t) = -\int_{A(t)} \left(\frac{\mathrm{d}}{\mathrm{d}t}\mathbf{B}(\mathbf{r}(t))\right) \cdot d\mathbf{a}.$$

Durch den Übergang zum mitbewegten System K' wird die Fläche A (samt Randkurve C) zeitunabhängig beschrieben (A', C'), wodurch sich dann die zeitliche Differentiation aus dem Integral herausziehen lässt:

$$U(t) = -\int_{A'} \left(\frac{\mathrm{d}}{\mathrm{d}t}\mathbf{B}(\mathbf{r}(t))\right) \cdot d\mathbf{a}' = -\frac{\mathrm{d}}{\mathrm{d}t} \int_{A'} \mathbf{B}(\mathbf{r}(t)) \cdot d\mathbf{a}'$$

$$= -\frac{\mathrm{d}}{\mathrm{d}t} \int_{A(t)} \mathbf{B}(\mathbf{r}(t)) \cdot d\mathbf{a} = -\frac{\mathrm{d}}{\mathrm{d}t} \Phi(t).$$

(Das zeitabhängige Argument $\mathbf{r}(t)$ des $\mathbf{B}$-Feldes bleibt bei den Umformungen erhalten, wird zwischenzeitlich aber mittels (4.6) im System K' beschrieben.) Die Randspannung $U(t)$ wird in der Folge Induktionsspannung $U_{\mathrm{ind}}(t)$ genannt. Der hier

beschriebene Fall ist ein Spezialfall des *Faradayschen Induktionsgesetzes.* Dieses
gilt auch allgemeiner für zeitabhängige Magnetfelder und nicht starre Leiterschlei-
fen. Bei einem im System K zusätzlich bestehenden elektrischen Feld ist dies der
Lorentz-Kraft in (4.8) und der Randspannung (4.10) hinzuzufügen.

Anstelle einer genaueren quantentheoretischen Beschreibung der Supraleitung
wird für die folgende Überlegung stark vereinfachend angenommen, dass der Leiter
für vernachlässigbaren elektrischen Widerstand nur eine Randbedingung für ansons-
ten frei bewegliche Teilchen der Ladung $q = -e$ darstellt, welche dann durch die
entlang des Leiters wirkende Kraft beschleunigt werden. Zusätzlich soll das System
der Drahtschleife (z. B.) ein Inertialsystem sein.

Bei einer Drahtlänge $s = \oint_C \mathrm{d}s$ $(\mathrm{d}s = |\mathrm{d}\mathbf{r}|)$ ergibt sich eine Gesamtzahl von
$N = nfs$ Elektronen, wobei n die Leitungselektronendichte und f der Draht-
querschnitt sind. Aus der Definition (4.9) der Randspannung entnimmt man, dass
$qU(t)/s$ die mittlere auf die Leitungselektronen wirkende Kraft in Drahtrichtung
darstellt. Diese führt integriert über die Zeit zu einer (mittleren) Impulskompo-
nente $p_{\mathrm{Draht}} = \int_0^t \left(qU(t')/s \right) \mathrm{d}t' = -q\left(\Phi(t) - \Phi(0) \right)/s$ je Elektron in Drahtrichtung. (Falls sich die Leiterschleife z. B. anfänglich im feldfreien Raum befindet, gilt
$\Phi(0) = 0$.) Die Division durch die Elektronenmasse m_{e} führt dann auf die mittlere
Geschwindigkeitskomponente in Drahtrichtung, die anschließende Multiplikation
mit der Ladung q und der Dichte n zur Stromdichte j und die weitere Multiplikation
mit der Querschnittsfläche f auf den durch diese fließenden Strom $I(t)$, also gilt
mit den vereinfachenden Annahmen insgesamt

$$ I(t) = -nf \frac{q^2}{m_{\mathrm{e}}} \frac{1}{s} \left(\Phi(t) - \Phi(0) \right). $$

Der hier angenommene, verschwindende elektrische Leitungswiderstand führt
zu *keinem* unendlich hohen Strom, weil das elektrische Feld bzw. die Randspannung
die Elektronen beschleunigen muss, wodurch der Strom wegen der trägen Masse
der Elektronen begrenzt bleibt. Im Fall, dass die Leiterschleife einen nennenswerten
ohmschen Widerstand besitzt, ergibt sich der Strom innerhalb der Leiterschleife
direkt aus dem Ohmschen Gesetz, vgl. Abschn. 3.2.

4.2   Faradaysches Induktionsgesetz

In der Elektrostatik gilt die Wirbelfreiheit (2.8) des elektrostatischen Feldes $\mathbf{E}$.
Daraus folgt mit Hilfe des Stokesschen Satzes (7.8) das Verschwinden der Umlaufspannung U_a über die Berandung (a) einer einfach zusammenhängenden Fläche a,

$$U_a = \oint_{(a)} \mathbf{E} \cdot d\mathbf{s} = \int_a (\nabla \times \mathbf{E}) \cdot d\mathbf{a} = 0.$$

Aus Abschn. 4.1 ist bereits eine elektromagnetische Erscheinung bekannt, die *elektromagnetische Induktion* genannt wird. Sie besteht aus Faradays Entdeckung, dass an den Enden einer metallischen Leiterschleife der Berandung (a), die in einem Magnetfeld bewegt wird, eine durch die Gleichung

$$\oint_{(a)} \mathbf{E} \cdot d\mathbf{s} = U_{ind} = -\frac{d\Phi}{dt} = -\frac{d}{dt} \int_a \mathbf{B} \cdot d\mathbf{a} \qquad (4.12)$$

beschriebene Umlaufspannung auftritt. Diese Tatsache ist das *Faradaysche Induktionsgesetz*. In Abschn. 4.1 wurde das Entstehen der induzierten Spannung auf die Lorentz-Kraft zurückgeführt, die insbesondere auf die beweglichen Ladungen innerhalb der bewegten Leiterschleife wirkt. Die Zeitabhängigkeit des magnetischen Flusses

$$\Phi = \int_a \mathbf{B} \cdot d\mathbf{a}$$

wird in der dort gewählten Anordnung durch die Bewegung der Fläche a, die von der Schleife (a) berandet wird, bewirkt. Durch den Wechsel des Bezugsystems bzw. Koordinatensystems gelangte man vom System mit zeitlich konstantem **B**-Feld und bewegter Leiterschleife in das System mit unbewegter Leiterschleife, aber zeitlich veränderlichem **B**-Feld. (Oft hat man dabei den Fall eines räumlich begrenzten Magnetfeldes mit zeitlich veränderlicher Grenze.) In beiden Bezugsystemen wird jedoch dieselbe physikalische Situation beschrieben. Damit muss (4.12) ebenso für ortsfeste Schleifen und (nachfolgend für allgemeine) zeitlich veränderliche **B**-Felder gelten. Für diesen Fall kann das Induktionsgesetz in der Form

$$\oint_{(a)} \mathbf{E} \cdot d\mathbf{s} = - \int_a \frac{\partial}{\partial t} \mathbf{B} \cdot d\mathbf{a} \qquad (4.13)$$

geschrieben werden. Das Umlaufintegral der Feldstärke **E** über den Rand (a) der Fläche a kann nun unter Verwendung des Stokesschen Satzes (7.8) in ein Flächenintegral der Rotation von **E** über a umgewandelt werden, sodass

$$\int_a (\nabla \times \mathbf{E}) \cdot d\mathbf{a} = - \int_a \frac{\partial}{\partial t} \mathbf{B} \cdot d\mathbf{a}$$

gilt. Da diese Gleichung für beliebige Flächen a gilt, müssen die jeweiligen Integranden übereinstimmen, woraus man

$$\nabla \times \mathbf{E} = -\frac{\partial \mathbf{B}}{\partial t} \qquad (4.14)$$

als *differentielle Form des Faradayschen Induktionsgesetzes* erhält. Die in der Elektrostatik geltende Beziehung wird somit dahingehend modifiziert, dass das Verschwinden der Rotation eines **E**-Feldes nur für die Anwesenheit zeitunabhängiger, nicht jedoch zeitabhängiger **B**-Felder gilt.

4.2.1 Induktion und Lenzsche Regel

Wie in Abschn. 4.1.1 beschrieben, führt die induzierte Spannung innerhalb einer Leiterschleife zu einem Stromfluss. Dieser wiederum sorgt seinerseits, mittels des Gesetzes (4.4) von Biot–Savart, für die Erzeugung eines weiteren **B**-Feldes. Wegen des negativen Vorzeichens im Induktionsgesetz (4.12) führt dies, anschaulich nachvollziehbar mit der am Anfang dieses Kapitels diskutierten Rechte-Hand-Regel, zu einem resultierenden Magnetfeld, indem das Zusatzfeld der ursprünglichen Änderung des Flusses stets entgegenwirkt. Das ist die Aussage der sogenannten *Lenzschen Regel*.

Physikalisch und technisch ist die induktive Beeinflussung von Strömen durch Magnetfelder in diversen Anordnungen von Leitern von großem Interesse und besitzt viele praktische Anwendungen wie z. B. Spulen und Transformatoren, oft in Verbindung mit Wechselströmen. Elektrische Ströme in Leitern können einander wechselseitig beeinflussen (Gegeninduktion) oder auch auf sich selbst zurückwirken (Selbstinduktion). Näheres zu solchen quasistationären Vorgängen findet man in Kap. 10 in [**E**]. Eine wichtige praktische Anwendung von komplizierten Feldkonfigurationen ist der magnetische Einschluss eines Fusionsplasmas.

4.2.2 Wirbelströme als Anwendung der Induktion

Eine interessante und auch praktische Anwendung magnetischer Felder kann in einem Wirbelstromlevitometer realisiert werden. In einem Demonstrationsexperiment sind zwei flache Spulen dabei konzentrisch auf einer Eisenplatte montiert. Je ein kurzes Eisenrohr (kurzer Eisen-Hohlzylinder) ist im Inneren und zwischen den beiden Spulen auf die Platte aufgesetzt. Schließt man nun beide Spulen derart an eine Wechselspannungsquelle an, dass die Stromrichtungen einander entgegengesetzt sind, so bildet sich zwischen den Enden des Eisenjochs ein **B**-Feld aus, wie es in Abb. 4.5 skizziert ist. Betrag und Richtung ändern sich entsprechend der Frequenz der Wechselspannung. Legt man eine Metallplatte auf diese Anordnung, so wird sie durch die vom Feld der inneren Spule herrührende Wirbelstromwirkung mit einem kreisförmigen Strom angehoben, und zwar – innerhalb vernünftiger Grenzen – erstaunlicherweise umso höher, je dicker und schwerer die Platte ist. Das Feld der äußeren Spule sorgt dafür, dass die Platte nicht zur Seite abgleitet, denn die von ihm hervorgerufenen Wirbelströme bewirken eine rücktreibende Kraft zum Zentrum hin. Magnetische Levitation hat viele praktische Anwendungen.

(a)

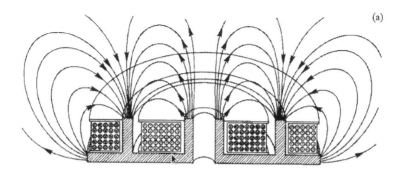

(b)

Abb. 4.5 Wirbelstromlevitometer: oben: Schnitt durch die beiden gegenläufig durchströmten Spulen und das Eisenjoch mit den in der Schnittebene eingezeichneten Feldlinien. Unten: Aufgrund der Wirbelstromwirkung schwebt eine Metallplatte (z. B. Aluminium oder Kupfer) frei über dem Levitometer

5.1 Skalares und Vektorpotential

Aus der Nichtexistenz magnetischer Ladungen (1.2d),

$$\nabla \cdot \mathbf{B} = 0,$$

folgt die Existenz eines Vektorpotentials $\mathbf{A}$, aus dem sich die magnetische Induktion $\mathbf{B}$ als Rotation ergibt:

$$\mathbf{B} = \nabla \times \mathbf{A}. \tag{5.1}$$

Die homogene Maxwell-Gleichung (1.2a) für die Rotation der elektrischen Feldstärke erlaubt dann über

$$0 = \nabla \times \mathbf{E} + \frac{\partial}{\partial t}\left(\nabla \times \mathbf{A}\right) = \nabla \times \left(\mathbf{E} + \frac{\partial}{\partial t}\mathbf{A}\right), \quad \text{d.h.} \quad \mathbf{E} + \frac{\partial}{\partial t}\mathbf{A} = -\nabla\varphi,$$

die Darstellung

$$\mathbf{E} = -\nabla\varphi - \frac{\partial}{\partial t}\mathbf{A}.$$

Die beiden inhomogenen Maxwell-Gleichungen (1.2b), (1.2c) liefern zwei Differentialgleichungen zweiter Ordnung für das skalare Potential φ und das Vektorpotential $\mathbf{A}$, siehe Abschn. 5.3.

© Der/die Autor(en), exklusiv lizenziert durch Springer-Verlag GmbH,
DE, ein Teil von Springer Nature 2021
S. Brandt et al., *Elektrodynamik,* essentials,
https://doi.org/10.1007/978-3-662-64313-6_5

5.2   Eichung der Potentiale

Jede Lösung von φ und $\mathbf{A}$ kann durch Eichtransformationen, d. h. durch Addition der negativen Zeitableitung bzw. des Gradienten einer skalaren Funktion $\chi(t, \mathbf{r})$, in eine gleichwertige andere Lösung φ' bzw. $\mathbf{A}'$ übergeführt werden (Abschn. 11.2.3 in [E]):

$$\varphi'(t, \mathbf{r}) = \varphi(t, \mathbf{r}) - \frac{\partial}{\partial t} \chi(t, \mathbf{r}), \tag{5.2}$$

$$\mathbf{A}'(t, \mathbf{r}) = \mathbf{A}(t, \mathbf{r}) + \nabla \chi(t, \mathbf{r}). \tag{5.3}$$

Die Feldstärken, die man aus φ' bzw. $\mathbf{A}'$ berechnet, sind offensichtlich dieselben wie die aus φ bzw. $\mathbf{A}$ bestimmten. Zwei häufig verwendete Klassen von Eichungen sind die *Lorentz-Eichung* (L) bzw. die *Coulomb-Eichung* (C), in denen die Potentiale die zugehörige *Eichbedingung* erfüllen:

$$\frac{1}{c^2} \frac{\partial}{\partial t} \varphi^{(L)} + \nabla \cdot \mathbf{A}^{(L)} = 0, \tag{5.4}$$

$$\nabla \cdot \mathbf{A}^{(C)} = 0. \tag{5.5}$$

5.3   Gleichungen für die Potentiale in Lorentz- und Coulomb-Eichung

Durch geeignete Wahl der Eichfunktion χ können dem Term $(1/c^2)\partial\varphi/\partial t + \nabla \cdot \mathbf{A}$ in den Differentialgleichungen für die Potentiale φ und $\mathbf{A}$ also verschiedene Formen gegeben werden (Abschn. 11.2.3 in [E]). Dabei wird der d'Alembert-Operator $\square$ verwendet, der die Raum-Zeit-Verallgemeinerung des Laplace-Operators darstellt und durch

$$\square = \frac{1}{c^2} \frac{\partial^2}{\partial t^2} - \Delta$$

gegeben ist.

In der Lorentz-Eichung bzw. der Coulomb-Eichung erhält man

$$\square\varphi^{(L)} = \frac{1}{\varepsilon_0}\varrho, \qquad \square\mathbf{A}^{(L)} = \mu_0\mathbf{j}, \tag{5.6}$$

$$\Delta\varphi^{(C)} = -\frac{1}{\varepsilon_0}\varrho, \qquad \square\mathbf{A}^{(C)} = \mu_0\mathbf{j} - \frac{1}{c^2}\frac{\partial}{\partial t}\nabla\varphi^{(C)}. \tag{5.7}$$

Energieerhaltungssatz. Poynting-Vektor

Das Vektorprodukt aus elektrischer und magnetischer Feldstärke wird *Poynting-Vektor* genannt,

$$\mathbf{S} = \mathbf{E} \times \mathbf{H}. \tag{6.1}$$

Zur Erlangung seiner Bedeutung wird seine Divergenz gebildet, wobei nachfolgend die eine Rotation einer Feldstärke enthaltenden, in Anwesenheit von Materie geltenden Maxwell-Gleichungen, vgl. (1.15) und (1.16), eingesetzt werden,

$$\nabla \cdot (\mathbf{E} \times \mathbf{H}) = \mathbf{H} \cdot (\nabla \times \mathbf{E}) - \mathbf{E} \cdot (\nabla \times \mathbf{H}) = \mathbf{H} \cdot \left(-\frac{\partial \mathbf{B}}{\partial t} \right) - \mathbf{E} \cdot \left(\mathbf{j} + \frac{\partial \mathbf{D}}{\partial t} \right).$$

Die einzelnen darin erhaltenen Terme werden als negative Zeitableitungen der elektrischen und magnetischen Energiedichten w_e bzw. w_m und der Dichte w_A der vom elektrischen Feld an den Ladungsträgern geleisteten Arbeit erkannt mit

$$w_e = \int_0^t \mathbf{E} \cdot \frac{\partial \mathbf{D}}{\partial t'} \, dt', \quad w_m = \int_0^t \mathbf{H} \cdot \frac{\partial \mathbf{B}}{\partial t'} \, dt', \quad w_A = \int_0^t \mathbf{j} \cdot \mathbf{E} \, dt'. \tag{6.2}$$

Damit folgt also der Energieerhaltungssatz für elektromagnetische Felder und Ladungs- und Stromdichten in Form des *Poyntingschen Satzes*,

$$-\frac{\partial}{\partial t}(w_{em} + w_A) = \nabla \cdot \mathbf{S}, \qquad w_{em} = w_e + w_m.$$

Der Poynting-Vektor $\mathbf{S}$ beschreibt dabei die Energiestromdichte des elektromagnetischen Feldes, d. h. die Energie, die pro Zeiteinheit durch eine Einheitsfläche senkrecht zum Poynting-Vektor hindurchtritt.

S. Brandt et al., *Elektrodynamik*, essentials,
https://doi.org/10.1007/978-3-662-64313-6_6

Für einfache Proportionalitäten zwischen **D** und **E**, bzw. **H** und **B**,

$$\mathbf{D} = \varepsilon_r \varepsilon_0 \mathbf{E}, \qquad \mathbf{H} = \frac{1}{\mu_r \mu_0} \mathbf{B}, \tag{6.3}$$

erhält man

$$w_e = \frac{1}{2} \mathbf{E} \cdot \mathbf{D} = \frac{1}{2} \varepsilon_r \varepsilon_0 \mathbf{E}^2 \quad \text{bzw.} \quad w_m = \frac{1}{2} \mathbf{B} \cdot \mathbf{H} = \frac{1}{2} \frac{1}{\mu_r \mu_0} \mathbf{B}^2. \tag{6.4}$$

Mathematischer Anhang

7.1 Ortsableitungen von Feldern

Die expliziten Ausdrücke für die in der Folge beschriebenen, verschieden Differenzierungsoperationen von Feldern sind je nach Koordinatenwahl verschieden und werden hier nur für kartesische Koordinaten angegeben.

Gradient
Der Gradient eines skalaren Feldes $S(\mathbf{r}) = s(x, y, z)$ ist die Anwendung des Nabla-Operators ∇ auf das Feld. Man erhält z. B. für *kartesische Koordinaten*

$$\nabla S(\mathbf{r}) = \mathbf{e}_x \frac{\partial s}{\partial x} + \mathbf{e}_y \frac{\partial s}{\partial y} + \mathbf{e}_z \frac{\partial s}{\partial z}, \qquad \nabla = \mathbf{e}_x \frac{\partial}{\partial x} + \mathbf{e}_y \frac{\partial}{\partial y} + \mathbf{e}_z \frac{\partial}{\partial z}. \qquad (7.1)$$

Divergenz eines Vektorfeldes
Die Divergenz eines Vektorfeldes $\mathbf{W}(\mathbf{r}) = \mathbf{w}(x, y, z)$ ist definiert als Skalarprodukt des Nabla-Operators mit dem Vektorfeld,

$$\operatorname{div} \mathbf{W}(\mathbf{r}) = \nabla \cdot \mathbf{W}(\mathbf{r}). \qquad (7.2)$$

Man erhält z. B. für *kartesische Koordinaten*

$$\nabla \cdot \mathbf{W}(\mathbf{r}) = \frac{\partial w_x(x, y, z)}{\partial x} + \frac{\partial w_y(x, y, z)}{\partial y} + \frac{\partial w_z(x, y, z)}{\partial z}. \qquad (7.3)$$

S. Brandt et al., *Elektrodynamik,* essentials, https://doi.org/10.1007/978-3-662-64313-6_7

Rotation

Die Rotation eines Vektorfeldes ist definiert als Vektorprodukt des Nabla-Operators mit dem Vektorfeld,

$$\text{rot } \mathbf{W}(\mathbf{r}) = \nabla \times \mathbf{W}(\mathbf{r}). \tag{7.4}$$

Man erhält z. B. für *kartesische Koordinaten*

$$
\begin{aligned}
\nabla \times \mathbf{W}(\mathbf{r}) = \quad & \mathbf{e}_x \left\{ \frac{\partial}{\partial y} w_z(x, y, z) - \frac{\partial}{\partial z} w_y(x, y, z) \right\} \\
+ & \mathbf{e}_y \left\{ \frac{\partial}{\partial z} w_x(x, y, z) - \frac{\partial}{\partial x} w_z(x, y, z) \right\} \\
+ & \mathbf{e}_z \left\{ \frac{\partial}{\partial x} w_y(x, y, z) - \frac{\partial}{\partial y} w_x(x, y, z) \right\}. \tag{7.5}
\end{aligned}
$$

Laplace-Operator

Der Laplace-Operator ist definiert durch

$$\Delta = \nabla \cdot \nabla = \nabla^2, \tag{7.6}$$

d. h. als das Skalarprodukt des Nabla-Operators mit sich selbst. Man erhält z. B. für *kartesische Koordinaten*

$$\Delta = \frac{\partial^2}{\partial x^2} + \frac{\partial^2}{\partial y^2} + \frac{\partial^2}{\partial z^2}. \tag{7.7}$$

7.2   Integralsätze

Der *Satz von Stokes* stellt einen Zusammenhang zwischen dem Flächenintegral der Rotation $\nabla \times \mathbf{W}(\mathbf{r})$ eines Vektorfeldes $\mathbf{W}(\mathbf{r})$ über ein einfach zusammenhängendes Flächenstück A und dem Wegintegral des Vektorfeldes $\mathbf{W}(\mathbf{r})$ über die Berandung (A) des Flächenstückes her:

$$\int_A (\nabla \times \mathbf{W}(\mathbf{r})) \cdot d\mathbf{a} = \oint_{(A)} \mathbf{W}(\mathbf{r}) \cdot d\mathbf{r}. \tag{7.8}$$

Der Umlaufsinn des geschlossenen Linienintegrals muss dabei mit den Normalen $d\mathbf{a}$ eine Rechtsschraube bilden.

Der *Satz von Gauß* stellt einen Zusammenhang zwischen dem Integral der Divergenz $\nabla \cdot \mathbf{W}(\mathbf{r})$ eines Vektorfeldes $\mathbf{W}(\mathbf{r})$ über ein Volumen V mit dem Flächenintegral des Vektorfeldes über die geschlossene Berandung (V) her:

$$\int_V \nabla \cdot \mathbf{W}(\mathbf{r})\, \mathrm{d}V = \oint_{(V)} \mathbf{W}(\mathbf{r}) \cdot \mathrm{d}\mathbf{a}. \tag{7.9}$$

Die Volumenelemente $\mathrm{d}V$ sind dabei positiv und die Normalen der Flächenelemente $\mathrm{d}\mathbf{a}$ zeigen nach außen.

Was Sie aus diesem *essential* mitnehmen können

Mitnehmen können Sie Kenntnisse zu folgenden Themen:

- Einführung in die verwendeten mathematischen Grundbegriffe der Vektoranalysis, Integralsätze
- Grundbegriffe Ladung, Coulombsches Gesetz, Dipol
- elektrische Felder, elektrischer Fluss, elektrisches Potential
- elektrischer Strom, Ohmsches Gesetz, Joulesche Verluste
- Magnetostatik, Lorentz-Kraft, Feldgleichungen des Magnetfelds, Faradaysches Induktionsgesetz
- Maxwell-Gleichungen in differentieller und in Integralform

© Der/die Herausgeber bzw. der/die Autor(en), exklusiv lizenziert durch Springer-Verlag GmbH, DE, ein Teil von Springer Nature 2021
S. Brandt et al., *Elektrodynamik*,
essentials,, https://doi.org/10.1007/978-3-662-64313-6

Literatur

S. Brandt, H. D. Dahmen, *Elektrodynamik – Eine Einführung in Experiment und Theorie*, 4. Aufl., Springer, Berlin Heidelberg, 2005 – im Text zitiert als [**E**]

S. Brandt, H. D. Dahmen, *Mechanik – Eine Einführung in Experiment und Theorie*, 4. Aufl., Springer, Berlin Heidelberg, 2004 – im Text zitiert als [M]

W. Demtröder, Experimentalphysik I – Mechanik und Wärme, 6. Aufl., Springer, Berlin Heidelberg, 2013.

T. Fließbach, Mechanik: Lehrbuch der Theoretischen Physik I, 7. Aufl., Springer Spektrum, Berlin Heidelberg, 2014.

D. Meschede, Hrsg., Gehrtsen Physik, 25. Aufl., Springer Spektrum, Berlin Heidelberg, 2015.

© Der/die Herausgeber bzw. der/die Autor(en), exklusiv lizenziert durch Springer-Verlag GmbH, DE, ein Teil von Springer Nature 2021
S. Brandt et al., *Elektrodynamik*,
essentials,, https://doi.org/10.1007/978-3-662-64313-6

Printed in the United States
by Baker & Taylor Publisher Services